チベット高原に花咲く

糞文化

チョウ・ピンピン
Zhang Pingping

春風社

牛糞拾いの帰り（乾燥高冷地Ａ）　▲

▲ 夏の放牧地のテント（肥沃牧草地B）

テントと少年（乾燥高冷地A）▲

▲ 祝福を受ける花嫁（肥沃牧草地B）

ゾクラから牛糞を取る子供（肥沃牧草地B）▲

▲ ヤク（肥沃牧草地B）

満月の夜河とテント（肥沃牧草地B）▲

チベット高原に花咲く糞文化

目次

はじめに

　チベット高原に住む人々の生活を歴史的に概観すると、古くは狩猟採集から遊牧生活を経て、やがて定住化し半農半牧畜に至り、さらに現代では都市化した街での暮らしが始まっている。本書ではチベット高原の異なる4地域での比較を通して、ヤクの糞（以下、牛糞）こそが、通時代的にチベット文化を構築してきた、最も重要な生態的・文化的資源であることを明らかにする。

　本書では、ヒトによる家畜の飼育に関する広い概念として牧畜という用語を用いる。また、牧草を求めて家畜を連れて移動し、季節によって宿営地を変える牧畜の形態を遊牧と呼ぶ。遊牧には一定期間、放牧地に家畜を放置し管理する方法も含まれる。さらに、放牧地と係留地を日帰りで往復する最も一般的な飼育方法を放牧と呼ぶことにする。

　遊牧は、定住化が進みつつある現在のチベット高原では減少傾向にあるが、これから述べていくように、狩猟採集から定住に至る長い歴史のなかで、チベット人の民族的な象徴性やアイデンティティにかかわる重要な生業形態であるため、本書において調査対象であるチベット牧畜民の呼称として遊牧民という言葉を用いる。

　これまで地球上の異なる環境に人類がどのように適応してきたのかという問題については、考古学や人類学の分野において多くの研究がなされてきた。森林限界よりも標高が高く、寒冷で乾燥したチベット高原の環境で、人類がどう生き抜くかを考えるときに注目すべき点は、ヒトと動物の関係性であると筆者は考える。チベット高原に住む遊牧民は、牧草の状況や季節の変化に応じて放牧地を移動

している。古くから行われてきた彼らの牧畜生活の調査を手がかり
に、チベット高原におけるヒトと動物との関係について考察してい
く。さらに、チベット高原に最初に到達した時代の人類は、狩猟採
集生活を行っていたため、家畜との関係だけではなく、野生動物と
の関係についても検討する必要がある。そのため本書では、遊牧民
であるチベットの人々が野生動物とどのような関係のなかで暮らし
ているのかも調査し、動物の燃料資源としての有用性から、文化的
な重要性までを分析することによって、チベット高原という高冷地
に人類がどのように適応したのかについても考察を試みる。

　人類と動物の関係を考察するうえで、動物の生態資源として毛皮
や乳、肉の利用についての研究や議論は今までに多くなされてきた。
本書ではチベット高原において、動物利用のなかでも特に牛糞の利
用に焦点を置き、詳細なデータを収集した。調査地は環境の異なる
4つの地域であり、本書ではそれぞれの地理条件に応じて、乾燥高
冷地 A、肥沃牧草地 B、都市近郊農村 C、近代都市 D と呼ぶ。地
域別のデータをもとにチベットの人々にとって牛糞が重要な資源で
あることを改めて示し、その性質について、生態資源と文化資源と
いう2つの視点から分析を試みる。すなわち、1つは糞の利用がな
ければ資源に乏しいチベット高原のような高冷地で人類が生存する
ことは不可能であったという生態資源としての重要性と、もう1つ
は生きるために必須である生態資源としての役割を果たしてきた牛
糞が神聖視されるという象徴化、つまり牛糞の文化資源としての重
要性について、現在は都市化が進む近代都市 D を含めた4つの地
域の事例で比較しながら検討してみた。これらのことを明らかにす
るため、合計 20 ヶ月の調査を行った。

＊　＊　＊

　第1章では、考古学および人類学の先行研究をもとに、人類の拡散とチベット高原での適応の過程を追っていく。その際、人類が動物の糞を利用していることに注目する。チベット高原に人類が拡散したのは農耕以前の狩猟採集生活を営んでいた時代であり、同時期のチベット高原に野生ヤクが生息していたことから、牛糞利用はヤクの家畜化に先立って行われていたと推測される。そこでチベット高原においてのヤクの家畜化の歴史や生態資源の利用についても概観し、これまで見落とされがちであった牛糞の利用に関して、燃料としての生態的な重要性について着目した研究や、文化的な意味について述べられた研究を整理する。

　第2章では、調査概要を説明する。調査地は4つあり、地域ごとに生活環境や生業の状態、野生動物や家畜との関係が違っており、それにともない日常生活での牛糞の活用方法も異なっていた。

　乾燥高冷地 A では、家畜ヤクを飼育するための牧草が不足していることもあり、日々の燃料として使用するのに十分な牛糞を手に入れることができない。そのため羊の糞や野生動物の糞も燃料として使用している。また、家畜ヤクを積極的に野生ヤクと交配させていることも注目すべき点である（**資料Ⅱ　家畜ヤクの繁殖**も参照）。なお、本書では特にことわらない限り、「羊」と表記する場合はヒツジとヤギを含むこととする。

　肥沃牧草地 B は、飼育しているヤクの頭数が多く、そのヤクに食べさせる牧草が十分にあり、ほかの地域と比較して最も多くの牛糞を入手することができる地域である。

　都市近郊農村 C は、遊牧を営んでいる地域のなかでは人口密度が高く、農業も営んでいるため、遊牧の際に家族の一部だけが移動

するという特徴がある。また第3章で詳しく述べるように、牛糞を換金することができるという点がほかの調査地と最も異なっている。

　そして都市近郊農村Cの牛糞の消費地が、近代都市Dである。この地域には牧畜を生業とする住民はおらず、都市生活が営まれている。

　調査地では、牛糞を燃料として利用するのみならず、冠婚葬祭を催すときや、各家庭の慣習に牛糞を用いている。

　第3章では、燃料としての牛糞利用について、調査地ごとに記載していく。遊牧民にとって牛糞は、日々使用される燃料であり、日課として収集され、ときには保管のために形を整えたり乾燥させたりといった加工がなされる。さらに、燃料としての質を保つために、ヤクの体調や季節などによって牛糞を区別している。また、牧畜生活から離れた都市住民のために、加工した牛糞が販売されており、牛糞は換金物としての側面を持っている。その一方で、牛糞が十分に収集できない地域では、ヤク以外の野生動物の糞も収集されていることにも注目する。

　第4章では、素材としての牛糞の利用事例をあげる。素材としての牛糞利用が盛んな地域は、多くの家畜ヤクを飼育している肥沃牧草地Bである。そこでは牛糞を建材として、食肉の貯蔵庫やイヌ小屋、羊小屋などがつくられたり、家の補修に使われたりもする。庭の壁や家畜用の防風壁にも利用される。冬には子どもが遊ぶためのソリも牛糞でつくられる。このように牛糞がチベットの人々にとって身近な素材であることが、これらの事例よりうかがわれる。

　第5章では、牛糞が文化的な象徴として用いられている事例を取りあげる。牛糞は人生の節目となる出産や結婚式、葬儀といった儀式や儀礼のなかで、生命や富を象徴するものとして飾られたり燃やされたりしていた。牛糞が飾られるとき、チベットで重要な儀式の

際に贈り物として渡されるカタと呼ばれるスカーフのような薄絹が巻かれている。すなわち神聖なものとして飾られているのである。そして多くの場合は対になって飾られている水や乳よりも上座に置かれている。また、儀礼において燃やされる場合は単に燃料としてというより、牛糞が象徴する富や生命という神聖さを重視して燃やされる。引越しや結婚、店舗の開店などで炉を新調したときには火入れの儀式が行われるが、これについてもさまざまな儀礼的な手順が定められており、うち複数の事例を取りあげる。また、病気の治療に用いられるなどの事例では、牛糞の物理的効果よりもその呪物性が重視されていると考えられる。さらに注目したいのは、これらの事例の多くが、むしろ牧畜生活から離れた近代都市Dで収集された点である。

　第6章では、ここまでみてきた事例についての分析を試みる。まずは4つの調査地の特性を対比させながら牛糞とその地域での生活のかかわりを整理し、さらに牛糞に関する各種の実験結果を示すことで、牛糞が彼らの暮らしに重要な役割を果たしている生態資源であることを明らかにする。また事例であげた家畜ヤクと野生ヤクの交配に関しては、家畜ヤクに野生ヤクの特性を取り入れる利点について、調査で得られた語りと先行研究から分析を試みる。次に、多くの家畜ヤクを飼育できる地域と十分な家畜ヤクを飼育できない地域の様子を比較しながら、生活の中で素材として多様に使われるようになった牛糞についても分析する。さらに進んで、象徴としての牛糞の存在の地域差について、象徴資源という視点を加えて検討する。

　第7章では、ここまでの事例とその分析から、チベット高原での人類の適応と、そこで牛糞が果たした役割について検討し、チベット高原での牛糞の生態資源としての重要性について考察する。寒冷

で森林限界を超えた高地であるチベット高原で人類が適応するためには、野生動物の利用は欠かせない。そのなかでも熱エネルギーを確保するうえで利用価値が高い牛糞は、長い間生活に不可欠な存在であったといえる。現在のチベット高原での生活においてもエネルギー源としての牛糞は大きな存在であり、人類がチベット高原に暮らすようになった頃から、その生態的重要性は維持されてきた。人々は牛糞を手に入れるための工夫を行い、ヤクを家畜化し、安定してその糞を手に入れることができるようになると、余剰の糞を燃料以外のことにも使うようになり、多様な牛糞文化が展開されていった。その過程で牛糞の象徴資源としての意義が高まり、象徴的意味が付与されるようになっていく。特に、都市化が進み牛糞を使った遊牧生活と生活実態に差異が生まれた地域において、その象徴的意味がかえって強調されるようになっていくプロセスは興味深い。

　第8章では、第7章での考察を踏まえ、人類が生態資源を利用することで厳しい氷河期を乗り越えて現在まで生き延びてきたこと、エネルギー問題が常に人類の最重要課題であることを述べ、本稿でおもに述べてきた4つの調査地での牛糞の利用のされ方と、生態資源が象徴資源へと変化していくプロセスを総括する。チベット高原における牧畜民の牛糞利用の研究は、エネルギー問題の研究としての側面も持っており、単に生態人類学上のいち研究分野としてだけではなく、今後の人類にとっても重要な知見を提供する可能性があると筆者は考えている。

第1章 チベット高原における人類の適応 およびヒトと動物の関係

　ここでは初期の人類の拡散からチベット高原への移動の経緯と動物の利用、そしてチベット高原において、人類が狩猟採集生活から農耕牧畜生活に至った過程について整理する。そのうえで、これまでのチベット研究では、家畜の利用方法のなかでも糞に関する研究が見過ごされてきたことを指摘する。そして資源論の観点から、牛糞を生態資源と象徴資源に分類し、分析・考察することが、人類の高地適用を明らかにしていくうえで重要であることを示す。

1-1　人類の拡散

　インドのアショカ大学准教授でジャーナリストであるチャンダはその著書『グローバリゼーション　人類5万年のドラマ』の中で、現生人類であるホモ・サピエンス・サピエンス（*Homo sapiens sapiens*）が、約20万年前にアフリカで誕生し、世界中に拡散したと述べている［チャンダ 2009］。アフリカを出てヨーロッパへ向かったホモ・サピエンス・サピエンスはレバント地方で頓挫したが、その後にアラビア半島を経てユーラシアへ向かったホモ・サピエンス・サピエンスもいた。大塚は、ホモ・サピエンス・サピエンスの出アフリカは約12~9万年前だと述べている［大塚 2020: 295］。
　陸続きだったホルムズ海峡を渡ったホモ・サピエンス・サピエンスが移動するコースには、アフガニスタンの半砂漠やインダス川を

遡る内陸コースとインドへの海岸コースがあった。オッペンハイマーによれば、すべての非アフリカ人の祖先は、おそらく75,000年前にインド洋沿岸を東進し、早い時期に中国東部や日本にたどり着いたという。ユーラシア大陸の南岸沿いに拡散し内陸へ向かった人類であったが、中央アジアやチベット高原への拡散はインドの北でヒマラヤ山脈にはばまれて単純にはいかなかったという。3,000mを超える山のつらなりは西のアフガニスタンから東は中国の成都あたりまで6,500kmにわたり、インド洋岸から中央アジアへの進出をはばんでいたとされる［オッペンハイマー 2007: 243-253］。

　一方、ロシアのアルタイ地方は、東西に広がるロシアのほぼ中央の南の端、南シベリアに位置する地域で、カラ・ボム遺跡やデニソワ洞窟などの重要な遺跡が多く発見され、現在も調査が続けられている地域である。そして現時点では、現生人類、ネアンデルタール人（*Homo sapiens neanderthalensis*）、近年新しく発見された人類であるデニソワ人（*Homo sapiens Denisova*）の三種の人類が同時期に共存していたことがわかっている唯一の地域でもある。

　それはアルタイ地方のカラ・ボム遺跡において我々現生人類であるホモ・サピエンス・サピエンスの後期旧石器時代の石器が多く出土していることや、同じくアルタイ地方のデニソワ洞窟から発見された骨のなかから、デニソワ人の父とネアンデルタール人の母を持つ第1世代の混血児の骨も見つかっていること［Slon et al. 2018: 113-116］、そしてカラ・ボム遺跡ではネアンデルタール人のものと考えられる石器が見つかっていることなどからも明らかである［オッペンハイマー 2007］。カラ・ボム遺跡からは多くの後期旧石器技術の遺物が発見されている［折茂 2002］。

　ロバーツは、広大な中央アジアで最古の考古学的証拠は、ヒマラヤ山脈のはるか北、ロシアのアルタイ山脈の標高250〜280mの窪

地カラ・ボムで発見されたと述べている。最も深い層からは、ネアンデルタール人の石器によく似ている中期旧石器時代の石器が出土し、1つ上の層からは現生人類の明らかな痕跡が出土し、その上の層からは細石器を含む後期旧石器時代末期の石器が見つかっている［ロバーツ 2013］。

これらのことからカラ・ボム遺跡、そしてアルタイ地方はアジアの考古人類学研究において、最も重要な地域と言っても過言ではないだろう。

デニソワ人は、アルタイ地方のデニソワ洞窟、そしてチベット高原の白石崖溶洞の2ヶ所において、骨格の一部が発見されている人類である。アルタイ地方のデニソワ洞窟において 2008 年に発見されていた奇妙な部分人骨が、2010 年の Krause らの遺伝的研究によって未知の人類であることが判明し、発見された場所の名前を取ってデニソワ人と呼ばれている［Krause et al. 2010］。チベット高原の白石崖溶洞においては、1980 年代に発見されていた部分人骨を 2019 年になって Chen らが遺伝的研究によって分析したところ、これもデニソワ人であり、年代測定から少なくとも 16 万年前のものであることが判明した［Chen et al. 2019］。この発見により、少なくとも 16 万年前にはデニソワ人がチベット高原にいたことがわかった。デニソワ人はホモ・サピエンス・サピエンスやホモ・ネアンデルターレンシスとは明らかに骨格の形態が異なっているものの、まだ全身の骨格は発見されていない。遺伝子によって分類された、新しく発見された人類である。

また、数少ないデニソワ人骨の資料のなかから、デニソワ人とホモ・ネアンデルターレンシスの混血第一世代が発見されていることから考えられるのは、このような異人類間の混血がそれほど珍しいことではなかったかもしれないということである。このようにかつ

てのアルタイ地方は一種の人類のるつぼのような地域であったと思われる。ところがロバーツによると、26,000 年から 19,000 年前になると、地球は最終氷期最盛期（LGM）に入った。そのため一帯の動植物は滅び始め、人々や動物たちは大移動を始めざるを得ず、そうなると狩猟採集の楽園も終焉を迎えることになる。

　「人類を含む、現在、北極圏のツンドラにみられる動植物は、何千マイルもじわじわと南下するか、あるいは東のアジアへ向かい、アジアと北米の間に出現したベーリンジア（ベーリング陸橋）へ進んでいった」［ロバーツ 2013: 237］。最終氷期最盛期は人類の拡散のひとつの大きな原動力になったといえるだろう。このようにして、中央アジアから南に押し出される形でチベット方面に向かった人々がいたことも考えられる。

1-2　中央アジアにおける狩猟採集

　Wu によると、チベット高原において作物を栽培できる標高の限界は 4,500m 前後である。しかし、チベット遊牧民たちはそれよりさらに高い 4,800m から 5,500m 以上に暮らしている［Wu 2001］。

　標高 4,200m においては酸素濃度が標高 0m の 59.3% しかないが（**表 1**）、このように酸素が薄く、極度に乾燥した厳しい環境においてもチベット高原では 2 万年前からすでに人間の生活が営まれていたことが Zhang らによって明らかになっている。この研究では、チベット高原の標高 4,200m から、現生人類であるホモ・サピエンス・サピエンスの 19 の手形と足跡、炉の跡が発見された。そしてサンプルに含まれる石英の光学的な分析による年代測定（OSL 年代測定）から、手形と炉の年代は約 2 万年前のものであることがわかった。これらの発見は、最終氷期最盛期の頃にこの地域に我々現生

表 1　標高による酸素分圧、沸点、気温、気圧の違い

標高（m）	酸素分圧（%）	沸点（℃）	気温（℃）	気圧（hPa）
0	100	100	15	1,013.3
200	97.7	99.3	13.7	989.5
400	95.3	98.7	12.4	966.1
600	93	98	11.1	943.2
800	90.9	97.3	9.8	920.8
1,000	88.7	96.7	8.5	898.7
1,200	86.6	96	7.2	877.2
1,400	84.5	95.4	5.9	856
1,600	82.4	94.7	4.6	835.2
1,800	80.4	94	3.3	814.9
2,000	78.4	93.4	2	795
2,200	76.5	92.7	0.7	775.4
2,400	74.6	92	-0.6	756.3
2,600	72.8	91.4	-1.9	737.5
2,800	71	90.7	-3.2	719.1
3,000	69.2	90	-4.5	701.1
3,200	67.4	89.4	-5.8	683.4
3,400	65.7	88.7	-7.1	666.2
3,600	64.1	88	-8.4	649.2
3,800	62.4	87.4	-9.7	632.6
4,000	60.8	86.7	-11	616.4
4,200	59.3	86	-12.3	600.5
4,400	57.7	85.3	-13.6	584.9
4,600	56.2	84.7	-14.9	569.7
4,800	54.8	84	-16.2	554.8
5,000	53.3	83.3	-17.5	540.2
5,200	51.9	82.7	-18.8	525.9
5,400	50.5	82	-20.1	511.9
5,600	49.2	81.3	-21.4	498.3
5,800	47.9	80.6	-22.7	484.9
6,000	46.6	80	-24	471.8
6,200	45.3	79.3	-25.3	459
6,400	44.1	78.6	-26.6	446.5
6,600	42.9	77.9	-27.9	434.3
6,800	41.7	77.2	-29.2	422.3

※『理科年表』令和 2 年版より作成

人類が住んでいたことを示している [Zhang et al. 2002]。さらに Huerta-Sánchez らの研究から、16 万年前から拡散していたデニソワ人との混血によって、低酸素に適応できる遺伝子 EPAS1 が現生人類へ受け継がれてきたこともわかってきた [Huerta-Sánchez et al. 2014]。

　2007 年の論文、「A short chronology for the peopling of the Tibetan Plateau」のなかで考古学者の Brantingham らは、本来、現在のチベット人のような低酸素適応能力は、3 万年以上かけて高地における生活のなかで少しずつ進化して獲得しなければならないにもかかわらず、8,200 年前より以前にはチベット高原に周年の定住が確立されていなかったという結論は、(1) チベット高原の高地に最初に入植した個体群は、遺伝的多様性に恵まれていたために、現在みられるような生理学的適応が急速に蓄積されたか、(2) 高地環境での淘汰が一般的に考えられているよりもはるかに厳しく、このような強い淘汰圧力が急速な適応を促したか、のどちらかであることを示唆していると述べている [Brantingham et al. 2007: 147]。デニソワ人の発見は 2010 年であり、チベット人がデニソワ人から低酸素適応遺伝子 EPAS1 を受け継いだことが明らかになったのは 2014 年である。チベット人に何らかの遺伝的な異変があった可能性をデニソワ人が発見される前から予見していることは、Brantingham らの先見の明といえるだろう。

　ともあれ、このようにアルタイ地方から南下してチベットにやって来た人々のなかには、遺伝的な多様性を持った人々がいたと考えられる。

　オッペンハイマーは、人類拡散の過程でヒマラヤの西端からシルクロードに沿って東へ向かうルートは、旧石器時代にはタクラマカン砂漠が緑豊かな草原であり、北にはタリム、ジュンガル川などの

川があり、タジキスタン、ウズベキスタン、キルギス、カザフスタンといった中央アジア西部からの狩猟者たちが、新疆やモンゴルとの間を往復していたことを指摘している［オッペンハイマー 2007: 245］。

　アルタイ地方は後期旧石器時代、とても豊かな地域であったと考えられる。カラ・ボム遺跡からは多くの動物の骨、たとえばウマ、ケブカサイ、バイソン、ヤク、アンテロープ、ヒツジ、ホラアナハイエナ、タイリクオオカミ、マーモット、ノウサギ等の骨が多く出土しており、旧石器時代の狩猟者たちにとっては楽園だっただろうとロバーツは推測している［ロバーツ 2013: 229-234］。当時はまだ農耕が始まる遥か前である。以上の考古学的検証から、ホモ・サピエンス・サピエンス、ホモ・ネアンデルターレンシス、デニソワ人の3種の人類は狩猟採集生活を行っていたことが推測される。

　Brantingham らは、8,200 年から 6,400 年前にチベット高原に定住し始めた人々はおそらく熱心な狩猟採集者だったと述べている。そしてこの拡散の原因は、定住した農耕民で埋め尽くされるようになった低標高の環境から、競争的に排除されたためであると主張する［Brantingham et al. 2007: 147］。

　Goldstein らは、その著書『*Nomads of Western Tibet The Survival of a Way of Life*』のなかで、1980 年代に入るまでチベットのチャンタン高原における狩猟が遊牧民の経済の一端を担っていたと述べている。チベット遊牧民は当時、伝統的にバーラル、野生ヤク、ガゼル、チベットレイヨウなどを狩り、肉は食用にしたり、毛皮を売って現金収入を得たりしていたという。彼らはライフルや罠、また遊牧民の番犬とは別の blue sheep dog と呼ばれるグレイハウンドのような猟犬を連れて狩猟を行っており、優秀な猟犬はヤク一頭分の価値があったという。しかし 1980 年代に入ってチベット高原での狩猟

が法的に規制され、また仏教による殺生の禁忌も相まって、彼らは狩猟を放棄して仏教の教えをより忠実に守るようになったという[Goldstein & Beall 1990: 124-127]。

1-3　チベット高原における家畜化

　気候変動を考慮に入れると、人類がチベット高原のような極地へ適応するためには、狩猟採集による暮らしや遺伝的淘汰のみならず生態環境を利用した工夫が必要であったはずだ。もちろん現在のチベットの生活の観察からでは、かつてどのように人々が適応してきたかを推測するのは困難であるが、それでも生態利用の大枠を推測することは可能だろう。資源の少ない高地寒冷地域で安定的な生活を営む場合には、動物を狩猟するだけでなく、動物を家畜化することによって得られる一定の生態資源の利用が重要であったと考えられる。この視点から、以下ではチベット高原における家畜とその利用について整理していきたい。なお、『チベット牧畜文化辞典』にもとづき、これから取りあげる事例でヤクとウシの交配種の総称をンガブルン、雄の交配種をゾ、雌の交配種をゾモと呼ぶこととする[星ら 2020]。

　チベットでは主な家畜としてヤギ、ヒツジ、ヤクが飼育されている。なかでもヤクは、高山帯を中心に分布する動物である。チベット人の牧畜社会について調査した張によると、チベット高原は家畜だけでなく多くの野生動物が生息する地域であり、家畜化されていない野生のヤクも生息している。家畜ヤクは海抜 2,000~5,000m の間で飼育されているが、野生ヤクの分布はチベット自治区東北部から青海省西南部にかけての標高 4,000~6,100m の高山帯などに限られ、その頭数は少ない。野生ヤクの特徴としては、家畜化したヤク

よりも体が大きく、免疫力や体力の面でもすぐれていることがあげられる。張によると、野生ヤクが近くに生息する地域では、家畜ヤクに野生ヤクの性質を取り入れるため、人為的に交配を行っている[張 1995]。標高 4,000m ほどの場所では、ヤクとウシを交配させたハイブリッドのンガブルンが家畜として、農耕や使役に利用されている。ンガブルンのみを飼育している家庭も存在し、家畜のほかに愛玩動物としてウマを飼育する家もある。

　野生の動物が家畜化される過程は、どのようなものであろうか。考古学者の Zeder はブタを例に用いて、動物の家畜化に至る経路は、動物が自発的に人間に馴れたことで始まる「片利共生的」ルートであると述べている[Zeder 1982, 2011, 2012]。さらに、サイエンス・ライターのリチャード・フランシスは、人間が野生集団を管理したことで始まるもう 1 つのルートがあると述べ、このルートはウシやヒツジ、ヤギ、ウマの家畜化と同様であると述べている[フランシス 2019: 149]。ヤギやヒツジ、ヤクを家畜とするチベットにおいては、後者のルートにのっとって家畜化が行われたことになる。さらにフランシスは、家畜化において最初に選択の対象となったのは従順性であり、これは哺乳類のどの家畜にも該当すると述べている[フランシス 2019: 185]。家畜化は、動物側の資質と、人間側からの働きかけによって結実するものである。資源の少ない高地寒冷地域であるチベットにおいて、人々が野生動物のヤギやヒツジ、ヤクの中から、比較的従順性を持った個体を家畜として選択し、管理することが、チベット人を高地適応へと導いたのだろう。

1-3-1　家畜の利用

　それでは、チベット人が家畜として選択するヒツジやヤギ、ヤクたちは、それぞれどのように利用されてきたのだろうか。

ヒツジは人類史のなかでも最も初期にトルコ東部のユーフラテス川上流域とトルコ中央部で食肉用に家畜化され、数千年すぎた後に人間が羊毛を利用するために改良を始めたとされている［フランシス 2019: 203, 205］。また、フランシスは Zeder の文献を参照し、ヤギの家畜化は約 10,000 年前にイラン西部のザグロス山脈南部で始まったとされていると述べている［フランシス 2019: 207］。また Hecker や Zeder の文献を参照して［Hecker 1982; Zeder 1982, 2011, 2012］、狩猟の対象であった頃に若い雄を選んで狩るようになったことを述べ、それがヤギの家畜化の始まりだと主張している［フランシス 2019: 209］。

　アナプラズマ（*Anaplasma spp*）の分子生物学的研究と系統解析に関する記述を残している Chessa によると、ヒツジの改良への移行は西南アジアで約 5,000 年前に起こったものが最古のようであると考えられている［Chessa et al. 2009］。Chessa の記述をうけて、フランシスは、ヒツジは食肉以外にも乳や被毛を利用されたが、ヤギは主に肉としての価値が重視されており、被毛は利用されなかったと述べている［フランシス 2019: 208］。

　ウシ科は、ウシ亜科とそれ以外に分かれる。家畜ウシの原種となるオーロックス（*Bos primigenius*）やヤク（*Bos grunniens*）はウシ亜科に属する。家畜ウシはオーロックスを原種とし、ユーラシア大陸の亜種（*Bos primigenius primigenius*）を家畜化した子孫のタウルス牛と南アジアの亜種の一系統（*B. p. indicus*）を家畜化した子孫のゼブ牛が存在する［フランシス 2019: 180］。フランシスは Zeder や Bollongino らの文献を参照し［Bollongino et al. 2012; Zeder 1982, 2011, 2012］、タウルス牛の家畜化はイラク北部やトルコ南東部で起こったと考えられると述べている［フランシス 2019:181］。また、Chen らによるとゼブ牛の家畜化は現在のパキスタンで 8,000 年前頃に始まったとされ

る［Chen et al. 2010］。

　しかし、中央アジアのなかでもチベット高原は標高が非常に高く、人間のみならず家畜にとっても生存が厳しい土地である。チベット高原において特徴的な動物といえばヤクである。韓によれば、ヤクは標高 3,000m から 6,000m、気温マイナス 30℃ からマイナス 40℃ という酷寒の高原に生息するウシ科の動物で体の両側、胸および腹と尾の毛が稠密かつ長く、四肢が短く強靭であるという特徴を持つ。習性は粘り強く粗野で、6,400m の山頂まで草を食べに登り、草丈の低い牧草および毒性を持つ植物まで食べることができる［韓 2011］。

　標高が高く、気温が極めて低い場所では、ヤクは家畜として利用しやすい動物である。ヤクを家畜化させることに成功したチベットの人々は、ヤクを継続的に利用するためにヤクの交配に介入し、人為的にヤクの個体数を必要な程度に保ってきた。また、チベット人は人為的にヤクとウシを交配させて、人々がより利用しやすい種を生み出すことにも成功した。

　ヤクの交配については、多くの学者が言及している。ンガブルンについて研究している吳らは、ンガブルンはウシに比べると、一年中標高の高い地域で生活が可能であることを示している［吳ら 2018］。多くの場合では、中甸ンガブルンは雌の中甸ヤクと雄の迪慶ウシの交配種であり、ゾモは繁殖と搾乳に、ゾは使役と食肉用に利用されている［和ら 2015］。また丁らは、1 歳半の健康なウシ、ヤク、ンガブルンを比較すると、ンガブルンがもっとも体重が重く、背丈も高く、胸周りも大きいことを明らかにしている［丁ら 2008］。また肖らは雄ヤクとゾの草原の肥育試験の結果では、雄ヤクは動きが遅く、採食する時間が長いのに対し、ゾは動きが速く、また 1 分あたりの採食回数がヤクよりも多いことを報告している。それに加

え、ゾの体重の増加率は雄ヤクよりも高く、飼料の利用率はヤクより 5.78% 上回っていた。同じ年齢の雄ヤクとゾを屠殺した場合、ゾのほうが肉の含有率は 3.1% 高いという［肖ら 1982］。さらに魏らが青海省の共和県で行った、2007 年 5 月から 10 月の 150 日間におよぶ同地域に生息するゾモと雌ヤクの搾乳量の比較実験では、ゾモ 1 頭あたり 620.96kg、雌ヤク 1 頭あたり 213.50kg であった。このことから、ゾモの搾乳量は雌ヤクの三倍近くあることが明らかになった。そのうえ、ゾモの乳成分の分析では、ヤクの乳成分と大きな違いがみられなかった［魏ら 2008］。このように成長の速度、肉の質、産乳量などの点で明らかにンガブルンの優位性を示している［呉ら 2018］。そのためゾモは搾乳用に育てるが、ゾは食肉用として売却することが多い。

　本書の調査のなかでは、ゾは鋤をひかせるのに適しているため、主に標高 4,000m 以下での半農半牧畜地域または農業地域で飼われている事例が多くみられた。また乳の利用について、都市近郊農村 C では生後数ヶ月以降の人間の乳児に与える母乳に問題がある場合、ヤクの乳は乳児には向かないためゾモの乳を飲ませることもある。

1-3-2　ヤクの利用

　チベット高原の民族誌でも、人々が家畜の乳や毛を利用して暮らしを営んでいることが記録されてきた。ヤクの多様な利用について海老原によると、ヤクの毛はヒツジの毛と合わせて、敷物や袋、衣類、遊牧民のテントの材料として用いられてきた［海老原 2016］。また乳について平田は、乳が何種類もの加工食品の原料となり、バター、チーズ、ヨーグルト、さらにはオジャと呼ばれる乳茶、ツァンパと呼ばれる麦こがし、ほかにもパンやスープや練り物に用いられてきたと述べている［平田 2016］。また多くの民族誌がチベット放

牧地の1日を記録しており、乳の管理方法やチーズやバターなどの加工作業に注目している。

　本書では、家畜の生産物として糞の利用がチベット文化の重要な特徴であることを指摘していきたい。このことに関して、1990年代以前の日本におけるチベット民族誌を読む限り、不思議なことに糞の記述が少なく、むしろ牧畜や人類学の研究者ではない、非専門家の著述に糞についての描写が現れることがわかる。エッセイストである渡辺一枝は、一連のチベット滞在記のエッセイのなかで、頻繁に糞の利用についてふれている作家の1人である［渡辺 2000, 2001, 2013］。

　実際にチベット高原に滞在する人々にとって、どれほど糞が重要であるかを窺い知ることができる文献として、1891年から1892年にかけてチベット高原を旅した Rockhill の日記がある。そのなかでは、「そこはキャンプするにはあまりにも貧しい場所であり、説明できないほどに荒涼としており、唯一誉められたものは草だけだった。我々は荷物の箱のひとつを壊して火を起こし、燃料用の糞を乾燥させた」という記述や、「見ると、すべての丘の上にヤクの群れがおり、それで近くの草が短くなっている理由がすぐにわかった。(中略) 幸運なことに彼らの糞が、私たちの必要とする大量の燃料を供給してくれたのだ」といった、糞に関する記述が多くみられる［Rockhill 1894］。また、1900年頃から古い仏教の経典を求めてチベット高原を旅した河口慧海は著書『西蔵旅行記』で、寒さをしのぐために必要なヤクの糞を、寒さと空気の薄さのために取りに行けず苦闘する様を記録している［河口 1904］。このように、Rockhill や河口慧海の旅行記からは、彼らが旅のあいだ中、常に燃料となるヤクの糞を探していたことがわかる。

　一方で、チベットの人々が実際に糞を利用している様子を記した

旅行者もいる。1715年から1721年にかけて宣教の旅をしたイッポリト・デシデリは「一部の人たちは料理や暖房に薪を使うが、樹木はチベットにまれだから、通常は牛、羊、馬の乾いた糞を燃料とする」と記録している［デシデリ 1991: 284］。現代の旅行者である渡辺一枝は「天幕の内には裾に沿って、衣服などを入れた箱・食べ物を入れておく袋・戸棚・燃料のヤクの糞などを並べて、裾から吹き込む風を防ぎます」と著している［渡辺 2001: 52］。

　専門家でない彼らのチベット滞在の記録について、後世において間違いを指摘することはたやすい。その一方で、彼らが生存のために不可欠な燃料としてのヤクの糞について、300年前からあまり変わらない様子を描写している点は大変興味深いといえるだろう。これらの点からも、燃料という生態資源と、文化的な意味を持つ象徴資源というヤクの糞の利用に関する2つの側面の実態を明らかにすることは、チベット牧畜民の生活と文化、ひいては人類の高地適応を考察するうえで、新たな知見を導くはずだと考えられる。

　また近年では、たとえばチベット語学者の星は、学術関連雑誌にて、糞利用の達人としてチベット遊牧民を詳細に紹介している。そこには、チベット人が日常的にヤクの糞を燃料用に加工し、ほかの家畜の糞の呼称の数と比べてもヤクの糞の呼称の数が多いことや、牛糞を燃やす炉について記録されている［星 2016a, 2016b］。星らが記録している糞に関する光景は、決して近年始まったものではないことを考えると、チベットを訪れる人類学者や農学者といったかつての研究者たちは、ヤクをはじめとした動物の糞利用を日常的に目の当たりにしていたはずである。にもかかわらず、研究の中心には置いてこなかったということがわかる。

　ヤクの糞の重要性について、考古学者のRhodeらは「燃料としてのヤクの糞の有用性は、ほかの燃料資源がほとんど無いチベット

高原に人々を居住させた決定的な原因だった可能性がある」と指摘している［Rhode et al. 2007: 205］。

　一方で人類学者の山本は、チベットにおけるヤクの重要性について次のように述べる。

　　チベット高原の人々の暮らしを考える上で、もうひとつ忘れてはならないことがある。それはヤクの家畜化である。ヤクの野生種はいまもチベット高原の一部地方に分布しており、ヤクが家畜化されたのはチベット高原であることが明らかである。そのため、ヤクは低い気温、薄い酸素のところでも飼育が可能な動物である。そして、その毛は敷物や外套、さらにテント地に利用できる。また、その肉はしばしば干し肉として利用されるほか、乳からもミルク、チーズ、ヨーグルトがつくられる。さらに、荷物の輸送用としても重要である。したがって、このヤクの家畜化がなければチベット高原の大半は人間にとってまったく利用できない不毛の地であったにちがいない。いいかえれば、ヤクの家畜化によってチベット高原の寒冷で広大な地域は人間が暮らすことが可能になったのである［山本 2006: 368-369］。

　山本はヤクを家畜化したことで、人々のチベット高地での暮らしを可能にしたと指摘しているにもかかわらず、糞の利用については一言「ヒマラヤでは乾燥した家畜の糞を燃料にするところが多い」と紹介するのみであり、ほとんど言及していない［山本 2006: 334］。

　これまでのチベット研究者が、家畜の糞の利用を研究の中心的な命題として扱うことをしなかった一方で、筆者は糞の利用は、チベットにおける生活の中心的な事柄であると考えている。もしチベットの生活を理解したいのならば、まず何よりも、ヤクをはじめとし

た、動物の糞を燃料として利用することについて理解するべきではないだろうか。また人類の高地適応についていえば、チベット人が長い狩猟採集生活を終え、家畜化したヤクを連れて遊牧するようになったとしても、後述するように野生動物の糞の利用はいまだに行われている。すなわち人類の高地適応について考える場合、家畜の乳や毛皮、肉の利用は牛糞と比較すると重要度が下がるといえるだろう。ここで動物と人間のかかわりとして最も重要なのは、燃料としての動物の糞の利用についてであると推測する。なぜなら、チベット高原のような、あるいは最終氷期最盛期のような極めて寒冷な環境においては、人間は燃料無くしては短時間でも生きられないからである。

1-4　生態資源と象徴資源

　Pryor らの考古学的研究によって、近年ロシアの Kostenki 11 遺構で、約 25,000 年前と推定される旧石器時代のマンモスの骨でつくられた直径 12m 以上の巨大な円形構造物が発見されている [Pryor et al. 2020]。ここでは最終氷期最盛期に移行しつつある厳しい寒さのなかで、マンモスの骨を燃焼させた痕跡や、骨と木の混合燃料を燃やした痕跡が見つかっている [Pryor et al. 2020: 1, 16]。木村も、Kostenki 11 では、住居周辺や住居から離れた狩場と思われる遺構の近くで、骨などを集積する貯蔵穴がたくさん発見されたことを報告している [木村 2019: 155, 160]。モンゴルの牧畜文化研究者である包によると、少なくとも 30 年前までは内モンゴルの牧畜民たちはウシと羊を食べたのち骨を回収し、袋や籠などに集め、毎年 4 月頃、モンゴル語で hangsi と呼ばれる、祖先を祀る清明祭のときに焼却する習俗があったという。骨には油分があり、燃焼すると

石炭のように燃えるそうである。しかし現在では牧畜民たちは石炭を使い始め、牛糞を使うことも少なくなっているという［包から筆者への電子メール、2020年3月26日］。また、包は「社会主義中国内モンゴルにおける牧畜文化──社会主義的集団牧畜から資本主義的酪農文化へ」という論文のなかで、「雪害の時に、燃料がなくなった場合、骨を燃料として利用することができる」と指摘している［包 2015: 111］。牧畜民は日常で肉を食べるときに、骨をとっておき、それを雪害の時に燃料として利用していた。木村は、資源の少ないKostenki 11 では、マンモスが食料源や燃料、また建材、日常用具、装身具、呪具などの資源として欠かせない動物であったことは疑いないという［木村 2019: 160］。

このように動物の一部を燃料として用いたことは、人類の拡散・適応を考えるうえで重要であると思われる。たとえば拡散に関して、考古学者のRhodeは木材燃料の限られていたベーリング地峡の横断に際し、マンモスの糞が燃料として利用された可能性を指摘している［Rhode 2003］。これらの議論から考えるべきなのは、極地の生態環境を考慮する場合、特に燃料との関係について、動物資源の利用がこれまで知られているよりもずっと多様だったということである。

資源人類学では、すべての資源を生態系と象徴系の大きく2つの領域に分けており、生態系とは自然材料の供給、象徴系とは意味の付与であるとされている。また、ほとんどの資源が生態資源であると同時に象徴資源であるという両義性を持つことが指摘されている［内堀 2007: 26-27］。そして、複数の研究を参照しながら、生態資源が象徴化する際にみられる現象のキーワードとして、生態資源の偏在性、希少性と権力、交易、権力による象徴的利用、象徴的意味変化をあげている［印東 2007］。

人類学者の印東は、ある生態系に包括されるもののうち、そこで生活する自然物や現象すべてを「生態資源」と命名し、この生態資源が、表現や伝達を目的として使用され、一定の共通認識を持つ集団によって、何らかの社会的意味が付与されることを生態資源の象徴化と呼ぶ［印東 2007］。また、生態資源の象徴化を考えるにあたり生態資源とは何かについて以下のようにまとめている。生態資源とは自然物や天然物を資源視したことから派生した「自然資源」や「天然資源」という用語に比べるとあまり一般的ではないが、「単なる生物資源ではなく、自然環境や人間活動を含む、ある生態系に包括されるもののうち、そこに生活する人間が有用であると認識した自然物や現象全てをさす」と定義されている。さらに、印東は生態物の象徴化とは、生態物が表現や伝達を目的として使用される、もしくは生態物に何らかの社会的意味が付与されることを意味すると述べている。つまり、それぞれが個人的な意味を付与するのではなく、一定の共通認識を持つ集団の存在によって、「ある生態物」に共通の意味認識が加えられることをいう［印東 2007］。

　人類学者のシンジルトによれば、青海省黄南チベット族自治州河南モンゴル族自治県河南豪旗の牧畜民たちは、野生ヤクを幸運（ヤン）を呼ぶものとして英雄視しており、一方でいかにも家畜化されてしまった牛を嫌悪するという［シンジルト 2020: 99］。家畜ヤクを別野生化して家畜としてのヤクの質を保つ牧畜民たちと食肉センターの従業員たちの実践からは、これまで考えられていた野生化を不安定なものとする知見をくつがえし、家畜と野生が二項対立ではなく、その絡まりあいによって家畜が「家畜であり続ける」のだと指摘されている［シンジルト 2020: 110］。ここには、牧畜民たちの経験則のなかで培われた知恵があることがわかる。ヤクという動物が家畜という生態資源であり、同時に幸福をもたらす英雄として共通の

意味を付与され、あるいは家畜化が進みすぎると嫌悪の対象となる象徴資源であることが示されている。

　印東は、生態資源の象徴化において最も顕著な存在はコミュニティにおける支配権力であるとし、サブシステンスエコノミーからポリティカルエコノミーへ変化すると、資源の象徴的利用が増加すると述べている［印東 2007］。チベット人の言語研究者である普布次仁によれば、チベット語を他言語へ翻訳する際には、チベット文化の奥深い文化的意味を理解することなしには不可能である。そのことを説明するために、普布次仁は牛糞を例にとり、牛糞という言葉に対してチベット人たちがいかに多様な意味を付与しているかを説明する［普布次仁 2007］。これはすなわち、生存にとって必要不可欠な燃料である牛糞が、燃料としての用途にとどまらず、文化的、象徴的意味を持ち、チベット高原の人々の意味世界に深く影響していることを示している。

1-5　生態環境利用の多様性

　本書では、ヤクの糞が燃料という生態資源として彼らの生存に必要不可欠であること、さらに文化における象徴資源としても重要であるということを明らかにしていくが、動物の糞の利用自体が、そもそもこれまでの研究ではあまり注目されてこなかったことを最後に指摘しておきたい。データで詳しく述べるが、燃料としての動物の糞がなければ、人類がチベット高原に住むことはできなかっただろう。動物の糞を、肥料以外の方法で利用することは、平地の都市生活に慣れた人々にとって一般的ではない。しかし動物の糞の燃料としての利用は、標高の高いチベット高原以外でもしばしばみられるうえ、いくつかの考古学的な調査によって、かつての人類もまた

動物の糞を燃料や建材として利用していたことが明らかになっている。

モンゴル自治区の牧畜民たちが利用する5つの家畜の糞の名称を中心に調査を行っている人類学者の包は、「樹木資源の少ない乾燥地域で暮らす人々は野生動物の糞を燃料として利用し、その需要が増えることによってウシの野生種が家畜化された可能性もある」と述べている［包 2019］。

人類史にとって、家畜の糞が現在考えられているよりもずっと重要であるという可能性が、いくつかの考古学的研究によっても示されている。家畜の糞の利用の重要性について、たとえば考古学者のSillar は、アンデスにおける動物の糞を燃料とした土器焼成を調査し、糞がいかに豊かな資源であるか、そしてその資源の管理がアンデスの生活のさまざまな分野に与える影響の大きさについて指摘している［Sillar 2000: 46］。

またアンデスのコミュニティにおける家畜の利用についても、Sillar は肉の消費量は比較的少なく、ほとんどが糞のために家畜を利用していると述べている。また肉として利用する場合は、家畜を育てた家庭が屠殺するのではなく、都市部の市場に向けて商人に売られるのが一般的であるとし、家畜は主に肉や乳の供給源と考えられがちだが、実際にはそれらよりも多くの糞を供給しているとまとめている［Sillar 2000: 46］。

また糞の利用について考古学者の Miller は、イラン南部に位置する紀元前3,000年頃の都市中心地である古代マルヤーンの植物遺物を解釈する枠組みを提供するために、イランの村落における現代的な植物の利用とゴミ処理の習慣を観察しているが、この研究の中では、イラン南部に位置する紀元前3,000年頃の都市中心地である古代マルヤーンで糞が燃料として使用されていたことが示唆されて

いる。マルヤーンにおいて糞燃料が使用された理由として、マルヤーン近郊では人口の増加によって木が燃料として大量に消費され、さらに人口増加を支える食料のために新しい畑地の整地がなされ、周辺の森林破壊が進行したことをあげている。また、近東での金属器の利用の増加が始まったことで、金属の精錬のために大量の燃料が必要になり、木材の需要が高まったうえ、遠隔地から運ぶための燃料の輸送コストがかかるようになった。そのため代替燃料源として糞が燃料として一般的になったと指摘している［Miller 1984: 77］。

　ほかにも、建築素材としての糞の利用を明らかにする考古学的なプロジェクトとして、考古学者である Gur-Arieh は「Map Dung」というプロジェクトを展開している。彼らは動物の初期の家畜化の中核地域である近東の陶器時代以前の新石器時代の遺跡に焦点を当て、3つの現場の異なる気候体制における糞の堆積と堆積後のプロセスを比較し、新石器時代の糞の利用に関するより広い地域的および時間的な見方を提供しようとしている。「Map Dung」の大きな目的は、人間と動物と環境の関係と生態系を理解するための代用として、建築のための糞の人類草創期における利用の可能性を探ることである。

　以上のように、いくつかの考古学研究が、動物の糞の利用と人類の生活に、深い関係があることを示唆している。これらのことは、一般に考えられているよりもずっと、動物資源の利用のあり方が多様であることを示している。野生動物や家畜の肉、皮、毛、そして乳に対する関心は高いが、場合によっては、それらよりも糞の方が資源として優先順位が高いことも考えられる。

　ここで、今まで動物の糞を重要な文化的資源として捉えてこなかったことは、我々の大きな見落としであったかも知れない。今一度、動物と人間のかかわりを見直すために、牧畜民にとって家畜の糞が

どのような文化的価値を持つのかについて検討する必要がある。

　また、燃料資源としての牛糞の調査も十分とはいえない。高地に暮らすチベット牧畜民たちにとって、牛糞は燃料として欠かすことのできない資源である。稲村の論考では、すでにチベット高原では遊牧が人民公社以後著しく縮小したとし、ほとんどの牧畜民が半遊牧であるだろうと述べている［稲村 2014: 128, 314］。しかし筆者の調査では半遊牧の牧畜民だけでなく、遊牧のみを営んでいる地域や家族も多数確認できた。

　家畜に関わる農業や乳製品、経済的変化に重きが置かれている稲村の論考のように［稲村 2014］、もちろん農業や乳の利用、社会体制の変遷によって生業形態の変化の様子を観察することは重要である。しかし極地への適応について、かねてから用いられてきた糞の利用を考慮せずに、動物と人間の関係性を語ることは不可能ではないかと思われる。

第2章　調査概要

2-1　調査方法

　本書は、チベット高原における3つの地域と、チベットで最大の都市であるラサ周辺及びシガツェ周辺を調査地として、2000年頃から合計約20ヶ月のフィールドワークを行い、彼らの生活の様子、牛糞の利用、家畜と人の生活のあり方をまとめたものである。調査によって得られた一次資料を文化と生態の2つの視点から分析した。

2-2　チベットの概要

2-2-1　行政単位

　中国の行政単位は日本とは異なっている。文中では中国の行政単位を多く用いるため、はじめに整理しておきたい。上位のものから順に、国、省、市、県、鎮、郷、村、組である。さらにこれとは別に、少数民族が多く住む地域では省に相当する自治区と市に相当する自治州、県に相当する自治県という呼称がつけられる。チベット人が居住している主な地域はチベット自治区であるが、青海省6州、四川省2州と1県、雲南省1州、甘粛省1州と1県といった、チベット自治区以外の地域にも分布している。市と同等の行政単位であればチベット族自治州であり、県と同等の場合はチベット族自治県とされている。中国と日本の行政区分の対応のイメージを**表2**に示す。この対応は、必ずしも一致するものではないうえ、対応する

表2　国の行政区分と日本の行政区分の違い

	省（省級） 直轄市 自治区 特別行政区	市（地級市） 副省級市 副省級自治州 副省級区 自治州 盟	県（県級市） 市轄区 旗 自治旗	鎮	郷	村	組
中国	省（省級） 直轄市 自治区 特別行政区	市（地級市） 副省級市 副省級自治州 副省級区 自治州 盟	県（県級市） 市轄区 旗 自治旗				
日本		県	市	町村			

※「中国の地方行政財政制度」(財) 自治体国際化協会発行（2007）をもとに作成。
※この表は簡単に行政単位を大きさの順に対応させただけのものである。中国と日本の行政システムは異なっており、例えば日本では単純に市は上位の行政単位である都道府県に所属しているが、中国の場合は階層構造が単純では無く、そのようになっていない場合もあり、単純に比較できるわけではないことに注意。

としている行政区分でも面積は圧倒的に中国の方が広い。たとえば中国の市は、日本の県に相当する行政単位であるが、面積は関東地方や九州地方のような規模の広さを持っている。また日本では、県は市町村を内包したエリアを指しているが、中国では、市の行政区に含まれるエリアに、市と県がある。たとえば〇〇市には、市政府所在地としての中心市街地の〇〇市と、その周辺の△△県、□□県などが含まれる。つまり、日本の東京都であらわすと、中心市街地である東京23区と、その周辺部のいくつかの市で構成されているのに似ている。県と鎮、郷の関係も同じような関係にある。また、郷の下には村があり、村の下には組がある（**表2**）。

2-2-2　チベット人の概要

　中国では漢民族を含めて56の民族があるとされている。以下、石川のまとめたチベット地域概要を参照する［石川2009］。チベット地域は、西はパミール高原、東は甘粛省や四川省、北はタリム盆地や河西回廊、南はヒマラヤ山脈に囲まれた広大な地域である。北西から北中部を占めるチャンタン高原には、ほとんど人は住んでな

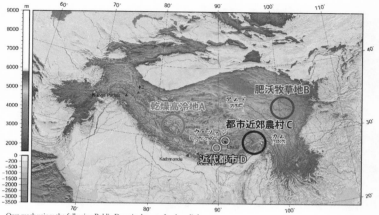

図1　調査地の地図

く荒野が広がっている。また中央チベット地域は「ウ・ツァン」と
称され、東部の「ウ」と西部の「ツァン」と呼ばれる2つの地域か
ら成り立っている。東チベット地域は「カム」と「アムド」の二大
地域に分けられる。カム地域とはツァンポ河の大屈曲部と四川盆地
の間付近のことを指しており、グルチュ河、ザチュ河、ディチュ河、
ニャクチュ河といった大河やその支流が険しい渓谷を形成している。
アムド地域は現中国青海省から甘粛省の西南部、四川省北西部にか
けての地域を指す。チベット高原の地図を**図1**に示す。

　チベット人の居住地は幅広く拡大しており、伝統的な地域概念で
は、ウ・ツァン、カム、アムドという3つの地域に分けられ、ウ・
ツァン地域は「法の地」（dbus gtsang chos kyi chol kha）、カム地域は
「人の地」（mdo stod mi'i chol kha）、アムド地域は「馬の地」（mdo

smad rta'i chol kha）と称されてきた［尕藏 2019］。

　「ウ・ツァン（衛蔵）」チベット人（ウ・ツァンワ）が主に居住する地域は、チベット自治区のラサ市、シガツェ市、ガリ地区、山南市、ニンティ市およびナクチュ市である。また「カム（康巴）」チベット人（カンパワ）の地域は、チベット自治区のチャムド市、四川省のカンゼ・チベット族自治州、ムリ・チベット族自治県、雲南省デチェン・チベット族自治州と、青海省の玉樹チベット族自治州である。そして「アムド（安多）」チベット人（アムドワ）は、青海省のゴロク・チベット族自治州、海北チベット族自治州、海西モンゴル族チベット族自治州、海南チベット族自治州、黄南チベット族自治州と、四川省のアバ・チベット族チャン族自治州に主に居住する。各地域のチベット人はそれぞれの方言、服装、生活習慣、伝統文化を持つ。

　「中国領内に住むチベット族の人口は、1990 年の人口調査によると 4,593,072 人と記録している。そのうち 90% のチベット族は、チベット語を日常語として使用している。しかし方言差はいちじるしく、「それぞれの谷ごとに言葉がある」といわれるほどである。その他の 10% のチベット族は、チベット語以外の言語（非チベット語）を日常的に使用している」［田畑ら 2001: 116］。

　チベット人は独自の文字と言語を持っており、標準チベット語とされているのは現在ラサで使われているチベット語である。田畑らによれば「チベット族の文字は、55 を数える中国少数民族のなかでも歴史が古く、文字の記録はすくなくとも 1300 年頃から始まっている」［田畑ら 2001: 118］。ほかの地域で使われるチベット語は、標準語ではなく方言とされ、各地域で発音、アクセント、文法に違いがみられる。

　海老原によると、海南チベット族自治州には、共和県を含め、全部で 5 県があり、これらの地域でアムド方言が話されているという

[海老原 2008]。

　中国国内の研究者は、チベット語を衛蔵（ウ・ツァン）方言、康巴
（カム）方言、安多（アムド）方言の三大方言区に区分している。全
体的にみると、康巴地区と安多地区は漢族地区と接しているため、
漢族の影響を比較的強く受けているが、衛蔵方言区は漢族地区から
遠く離れているため民族固有の文化や伝統が比較的そのまま残って
いる［田畑ら 2001］。

　チベット人の主な宗教は、チベット仏教のほかに、それよりさら
に古い起源を持ちアニミズムの要素が強いポン教がある。長野によ
ると、ポン教は中国のチベット自治区全域、四川省、甘粛省、雲南
省、ヒマラヤ南麓に広く分布している。また仏教がチベットにもた
らされ、政権と結びつく前までは主要な宗教であったとされている
［長野 2009］。チベット仏教における主な宗派として、ゲルク派、カ
ギュー派、サキャ派、ニンマ派などがある。それぞれの寺院にいる
僧侶のことを敬意をもって「ラマ」と呼ぶ。「チベット語の「ラマ」
の「ラ」は目上、「マ」は人、それゆえ「ラマ」とは目上の人、師
を意味する」と立川が説明している［立川 2009: 36］。生活の折々に
寺院に行って祈る風景がみられ、彼らの生活にチベット仏教が与え
る影響は大きいことがわかる。

　藏族簡史編写組の『藏族簡史』によると、ポン教において人間は
天から始まり、死後天に戻ると考えられている。天、地面、地下、
河、湖、山頂、氷川、岩山など自然物すべてに神や妖怪や精霊が宿
ると考えられ、神に対して、祀る。鬼は死者の魂をつれていき、死
者の家族にも悪い影響を与えるため、鬼を消滅させる必要があると
いわれている［藏族簡史編写組2006］。

　チベット人の生活習慣などについては、巻末の資料で紹介してい
る。

2-3 調査地概要

本研究では主な調査地として、それぞれ地理的条件や資源状況が異なる4つの場所を選び、調査を行った（**図1**）。

調査地Aはウ・ツァンチベット人が暮らす西部地域であり、チベット高原のなかでも特に標高が高く辺鄙な場所である。人口密度は極端に低く、空気は薄く乾燥し、寒さは厳しい。そのため、わずかな草しか生えておらず資源は非常に乏しい。本書では「乾燥高冷地A」と呼ぶことにする。

調査地Bはアムドチベット人が暮らす東北部地域であり、人口密度は低く、牧草は豊かで、水資源には比較的恵まれている。近くに大きな街などはない。本書では「肥沃牧草地B」と呼ぶ。

調査地Cはウ・ツァンチベット人が暮らす中央部地域であり、人口密度は高く、資源が乏しいとはいえないが、世帯数が多いため各世帯の牧草地の割り当ては少ない。チベット自治区の中枢都市ラサから100kmほど離れた場所に位置し、広大なチベット高原における距離感覚ではラサの近郊といっても良い。本書では「都市近郊農村C」と呼ぶ。肥沃牧草地Bと都市近郊農村Cは標高がほぼ同じであるが、1,800kmほど離れている。

最後に調査地Dはチベットの中枢都市ラサで、チベットの他地域に比べ人口密度も高く、人々は牧畜生活を離れた近代的な都市生活を営んでいる。本書ではラサとシガツェを合わせて「近代都市D」と呼ぶ。近代都市Dでは主に聞き取り調査を行った。また、本書では、各調査地の県政府所在地を街と呼ぶ。

2-3-1 乾燥高冷地Aの概要

乾燥高冷地Aは調査地のなかでは、標高が一番高い場所に位置

している。2016 年の政府公式の統計資料によると、この県の牧草地の総面積は県全域の約 3 分の 1 を占め、牧畜世帯数は 6,737 世帯である。2015 年の統計では、ヤクの頭数は 44,678 頭、ウマは 1,577 頭、ヒツジとヤギを合わせて 701,493 頭である。ほかの調査地に比べ人口密度は低く、家畜頭数も少ない。牧草などの資源が乏しいため、多くの家畜を飼うのは難しい地域である。

2-3-1-1　村の概要

　乾燥高冷地 A の村の役場は県政府所在地の街から約 75km 離れている。村には 57 世帯が住んでおり、人口は 261 人である。村は東組、西組、中組の 3 組に分けられており、各組には 18~20 世帯が住んでいる。村人は 3、4 世帯ごとに集落をつくり、近くにテントを張ったり、一緒に放牧をしたり、羊の毛刈りを手伝ったりしてお互いに助け合っている。2011 年に政府が放牧地の使用権を定めたときに、彼らは習慣的に放牧していた放牧地を区切って所有することになった。集落自体はそれ以前と同じ状態で続いている。村のなかには商売のために街に移住する人、年をとって放牧生活ができなくなり街に移住する人もいる。最も近い隣村への距離は 40km 以上ある。

2-3-1-2　乾燥高冷地 A の人々

　乾燥高冷地 A には調査期間中に、G 家と Z 家と K 家の 3 世帯で、ひとつの集落を作って住んでいた。G 家、Z 家と K 家の 3 世帯家族構成を図 2 に示す。G 家は 5 人家族であるが、調査期間中は妻 G と夫 N、中学生の三男で暮らしていた。中学生の三男は、学期中は学校の宿舎で暮らしているが、夏休みなどの長期間の休みになると宿舎から戻ってくる。長男と次男は結婚して村を出ている。G の

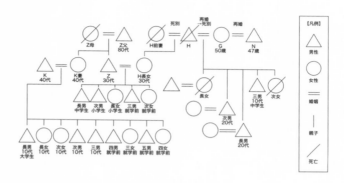

図2　乾燥高冷地A　G家と隣人の関係図（2015年当時）

夫Nはあまり家にいないため、N家ではなくG家とした。G家ではヤクを6頭、ヒツジ、ヤギを合わせて約170頭と番犬としてイヌ2匹を飼っている。

　イヌは番犬として、ヤクや羊をオオカミなどの野生の肉食動物から守るために飼われており、放牧や狩猟には使用されていない。狩猟は禁止されているため、食肉を手に入れるには、家畜を殺すか購入する以外に方法はない。

　Z家は、Z夫婦とZの父親、5人の子どもの8人家族である。Z家ではヤクを飼っていないが、羊を約400頭飼っている。

　K家は、夫婦2人と9人の子どもがいる、合わせて11人の家族である。小学生や中学生の子どもたちは、学期中は学校の宿舎で暮らしている。K家ではヤクを23頭、羊を約180頭飼っている。Kの妻はZの姉である。この集落は姻族が集まってできた集落である。

2-3-1-3　G家の生活状況

　2015年のG家は、羊約170頭とヤク6頭を飼育していた。また所有する放牧地は約40km²で、季節ごとに放牧地を移動して使用している。

　G家の主な収入源は羊毛とカシミヤヤギの毛の生産である。2014年では、羊毛は12元/kgでカシミヤは270元/kgの相場であったが、翌年の2015年では、羊毛は7元/kgでカシミヤは160元/kgの相場であった。羊毛による収入は2014年から2015年の1年間で40%ほど減少し、G家の2015年の羊毛とカシミヤによる収入は約2,000元であった。また、乾燥高冷地Aでは牧草地手当（**資料Ⅰ　牧草地手当**も参照）が1人につき5,000元支払われる。戸籍のある夫婦と三男を合わせて年間15,000元の牧草地手当を受け取ることになり、2015年G家の年間収入は羊毛の収入を合わせて17,000元（約30万円　2015年7月の為替レートにより）であった。

　G家は街を訪れる際、砂糖や塩、レンガ茶、バター（チベット語でマル）、はだか麦（ネー）、麦こがし（ツァンパ）、ジャガイモなどの食糧品のほかに、マッチ、ガソリンといった生活に必要な最低限のものを現金で購入している。

　砂糖は1日3食ほど食べるヨーグルトに必要なものであり、塩とレンガ茶はバター茶づくりに欠かせない。チベットでは、レンガの形をしている固形茶を砕いた茶葉を使い煎じた茶汁に塩とバターを加えた飲み物が常用されている。このようなバター茶はラサのチベット語ではチャ・スーマと呼んでいる。また、チベットでは茶葉の種類は問わず、地域も問わず、茶の総称としてチャと呼ばれる。

　バターは、冬季の搾乳ができないときの保存食になるため貴重である。そのため、G家はバターを使わず、塩と脱脂ミルクと茶汁を混ぜたミルクティーのような茶を普段は飲んでいる。このようなミ

ルクティーをオチャ（オジャ）と呼んでいる。大事な客が来たとき
だけバターを使ってバター茶をつくる。自家製のバターもつくって
いるが、2014 年には羊の乳から 8kg のバターしかとれず少なかっ
たため、冬季のためにバターを購入している。このときは一箱
10kg で 160 元のバターを 6 箱購入し、自家製のバターを合わせて、
冬を越すために 68kg を用意した。

　主食となる麦こがしは常に蓄えている。ジャガイモや米は来客用
の料理のために時々購入する。たとえば、7 月の中旬に羊の毛を刈
る際に手伝いに来た人に、ジャガイモと羊の肉の炒め物や米を振る
舞うのである。気圧が低いため、米はうまく炊けず生煮えになって
しまうが、それでも彼らにとっては特別なご馳走である。

　同じく気圧が低いためライターでの着火が難しく、マッチは不可
欠である。また G 家の夏の放牧地から街への距離は 100km ほどあ
り、遠くへ移動する際の唯一の交通手段であるバイクのガソリンが
必要となる。

　乾燥高冷地 A は降雨量が少なく乾燥した地域であり、水が極端
に不足している。そのため入浴や洗濯、洗顔や歯磨きなどの習慣は
ない。バターをつくるときにバターを水で洗う工程があるが、洗っ
た後の脂の浮いた水は捨てずに容器にとっておき再利用する。鍋な
どを洗った水も容器にとっておき、その水で手を洗ったり、イヌに
飲ませたりする。茶碗は個人それぞれに決まった食器があり洗わず、
食べかすなども、きれいに舐めとる。

　G 家では、夏の放牧地から秋の放牧地へ移動する際に 2 週間ほど
滞在する中間放牧地を除いたすべての放牧地に水場がある。夏の放
牧地の場合 G 家から水場までは障害物がないが、放牧地が広いため、
直線距離を徒歩で約 15 分ほどかかる。さらに 1 時間歩けばもう少
し水量の多い水場があるが、普通はそこまで水を汲みに行かない。

どちらも似た環境であり、地面の割れ目の底に少しずつ湧いてくる水をひしゃくですくって集める。近くの水場で汲める量は1時間で約3リットル、多いときは約8リットル汲む事ができる。集めた水は土や草が混じり濁っているため、持ち帰った後、容器に入れておき不純物を沈殿させる。水汲みは基本的に女性と子どもの仕事で、水が足りなくなってくると、その都度水場へ行く。

　G家の交通手段としてはオートバイ1台とトラック1台を所有している。G家のトラックは年に5回ある放牧地の移動以外にはほとんど使われておらず、普段荷台は物置になっている。オートバイは生活必需品の購入のために市街地へ行くときに使用される。また、冬の燃料を備蓄するために夫や息子がオートバイで糞を探しに行くときにも使用されることがある。ただし、糞を収集するためにオートバイを使用することはあっても、水を汲むためにオートバイを使用することはないため、水のためにガソリンを消費することはコストに見合わないと考えているようだ。

2-3-1-4　G家の放牧方式

　G家が暮らす乾燥高冷地Aにおいて、数世帯の遊牧民に割り当てられた牧草地は非常に環境が厳しく広大であり、警察や消防、病院などはそれぞれ約100km離れた所にあり、携帯電話の電波も届かない。そのため、何かが起きたときにはすぐに命の危機に直面することになってしまう（**写真1**）。G家の子どもたちが若くして亡くなっていることからも、彼らの生活の厳しさがうかがえる。そのため遊牧民たちは、何か起きたときにはすぐに駆けつけられるように、牧草地の割当とは関係なく、親密な者同士、または親戚同士などでお互いのテントが見える距離に3、4世帯ずつ、寄り添うように住んでいる。G家とZ家はとりわけ交流が深く、10m以内の場所に

写真 1　G 家の本拠地と村役場
（乾燥高冷地 A）

写真 2　G 家テントの外の風景
（乾燥高冷地 A）

写真 3　G 家のテント内の風景
（乾燥高冷地 A）

写真 4　G 家の羊の係留場
（乾燥高冷地 A）

お互いのテントを張ることが多い（**写真 2、3**）。

　この地域では資源が極端に乏しいため、牧草地や糞の所有権は明確にされており、自分の牧草地の糞しか拾うことはできないが、牧草に関しては近所の仲間同士の間ではそれほど厳密ではない。羊は各世帯の所有権を明確にさせるために、尾に色をつけて目印にしている。

　G 家の 170 頭の羊は日帰り放牧で、羊の係留場はテントのすぐ横にある（**写真 4**）。一方、ヤクは 6 頭しか所有していない。ヤクの囲いはなく、G 家のヤクは約 40km² の広大な牧草地に放置されて

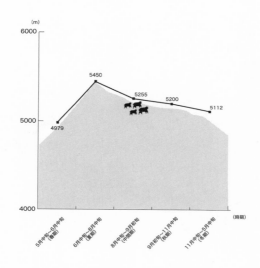

(m)
6000

5450

5255
5200
5112

5000

4979

4000

(時期)

5月中旬~6月中旬
（春期）

6月中旬~8月中旬
（夏期）

8月中旬~9月初旬
（中間期）

9月初旬~11月初旬
（秋期）

11月中旬~5月中旬
（冬季）

図3　乾燥高冷地 A　G 家の季節ごとの放牧地の標高

いる状態で、自由に暮らしている。ほかの家畜と異なり夕方になっ
てもテントのそばに集めることはしない。そのため、毎日家に戻っ
てくることはなく、飼い主との接点は、月に１回程度の家のそばを
通るときくらいである。ヤクたちがいる場所は、牧草や水のあると
ころや、夜間風のあまり当たらない場所などと決まっているため、
人々はヤクたちがどこにいるのかのだいたいの見当がつく。このよ
うに世話をすることはほとんど無く、ただヤクを所有しているとい
うだけである。

　乾燥高冷地 A の G 家では春の放牧地、夏の放牧地、中間放牧地、
秋の放牧地、冬の本拠地の５つの放牧地を利用している。牧草が乏
しいため、季節ごとに移動しながら、牧草地を最大限に有効利用し
ている。放牧地の標高が 100m 上るごとに、温度は約 0.6 度ずつ下

がっていく（**表1**）。夏の放牧地は 5,000m 以上と標高が高く非常に寒い場所にある。G 家が放牧する際の、時期と放牧地の標高を**図3**に示す。ほかの放牧地の牧草を温存するために、夏の間はなるべく標高の高い場所を利用する。夏の終わり頃になってくると、かなり気温が下がるが、すぐには秋の放牧地に移動せずに中間放牧地に一時的に滞在し、秋の牧草地の牧草を温存する。中間放牧地は決まった場所ではなく、毎年牧草の状態をみながら場所を決める。中間放牧地に滞在する期間はせいぜい 2 週間程度であるが、ここには水場が無いため、G 家と Z 家が協力し、家族や隣人に水を運んで来てもらうことになる。

2-3-1-5　G 家 1 日の生活の流れ

　G 家と Z 家は協力して放牧を行っており、普段は G の夫 N と Z が毎日交代で放牧を担当する。調査期間の前半は N が運転免許取得のため不在だったので、学校が夏休み期間中であった G の三男と Z の長男が父親の代わりに交代で放牧を担当していた。学期が始まり子どもたちが学校に戻った後は、N が戻ってくるまで毎日 Z が放牧を行っていた。

　毎朝 6 時半に起床して朝食を食べる。脱脂ミルクティーを少し飲み、ヨーグルトを食べてから三男または N が、夏の場合は 7 時くらいに、冬の場合は 8 時くらいに放牧に出かける。妻 G は放牧担当が出かけた後、残された朝食を食べ、水を汲みに行く。隣家が水を汲んだ直後は水場の水が残っていないため少し時間をおいて、再び湧いた頃あいを見計らって汲みに行く。帰って来たら 2 時間ほどかけて家でバターをつくる。あとは羊たちが帰ってくる 15 時頃までの間は特に決まった仕事がないため、G は燃料となる糞や枯草を拾い、干して乾燥した燃料を片付け、羊の毛皮を鞣したり、チュラ

表3　乾燥高冷地Ａ　Ｇ家の夏期の1日の流れ

	乾燥高冷地Ａ　Ｇ家（放牧する人の場合）	乾燥高冷地Ａ　Ｇ家（放牧しない人の場合）
4:00		
5:00		
6:00	起床、朝食	起床
		放牧へ行く人の食事の用意
7:00	7:00~8:00 の間に放牧に出かける	放牧する人が出かけた後に、朝食を食べる
8:00		水汲み、バター作り（バター作りは、2時間ほどかけて行う）、チュラ作り
9:00		
10:00		
		羊が帰ってくる15時までは、特に決まった仕事はせず、牛糞を拾ったり、干して乾燥した燃料を片付けたり、羊の皮を鞣したり、家の家事や雑用を行う※（何もすることがない場合テントの中で寝る）
11:00	目的地に着く	
	軽食を食べる	
12:00		
13:00	家の方向に折り返して移動する	
14:00		
15:00	帰宅	羊たちが戻ってくる
	休憩（チャなどを飲む）	18:00 までに羊の搾乳を行ったり、ヨーグルト作りをしたり、水汲みを行う
16:00	水汲み	
17:00		
18:00	Ｚ家の人と、夕食の時間まで世間話	Ｚ家の人と、夕食の時間まで世間話
19:00		
20:00		
21:00		
22:00	夕食	夕食
23:00	就寝	就寝

※放牧を行う距離は季節によって異なり、夏の間は1日の放牧で往復30km程行い、冬の間は1日の放牧で往復20km程である。また、冬には草が少ないため、放牧を行う時間は夏よりも長くなる。

と呼ばれる脱脂ミルクでつくった乾燥したカッテージチーズのような
ものをつくったり、その他の家事や雑用を行い、ゴレという小麦
粉を練った円形のパンを焼いたりして過ごす。燃料を拾うことは常
に意識をしているようで、テントの周辺に落ちた糞と枯草を拾った
り、天気が良いときは、山に登って糞を拾う。

　15時頃になると羊たちが帰ってくるため、それから18時頃まで
の間に羊の搾乳をし、ヨーグルトをつくり、水を汲む。18時頃か
ら22時頃までの間は夕食の準備をし、Ｚの妻とお互いの家に行き
来して、世間話をしながら夜の時間を過ごす。そして22時頃夕食
を食べ、23時頃に寝る（**表3**）。

　7時から8時頃に放牧に出かけた放牧担当は、羊たちと一緒にゆっ
くり歩き、約11時に目的地に着く。目的地に着いたら簡単な食
事をとる。天気が良い日には地面に寝転んで居眠りをすることもあ
るが、牧草を食べることに夢中になって群れから離れてしまう羊が
いるため、油断しないように気をつけている。13時頃から戻り始め、
15時くらいに家に帰りつき、羊たちを係留場へ入れる。係留場と
いっても何かで囲われているわけではなく、ただテントの横にいる
羊たちが夜を過ごすだけの場所である（**写真4**）。家に着くと、テン
トのなかでミルクティーを飲んだり、何か食べたりして30分ほど
休む。放牧から帰って来た三男はこの時間に水を汲みに出かけるこ
ともある。夏の間、1日の放牧で移動する距離は往復約30kmであ
り、冬の間は往復約20kmである。冬はあまり牧草がないため、夏
よりも移動距離は短いが、放牧する時間はより長くなる。

　Ｇ家では燃料に使用する分だけその都度テント横の羊の係留場か
ら糞を収集して使用する。乾燥高冷地Ａは乾燥しているうえに羊
の糞は小さいため、ほとんどの糞は収集する頃にはすでに乾燥して
いる。

上記で述べた開始時間や終了時間はあくまで目安である。乾燥高冷地 A の人々はスケジュールを管理しているわけではないため、日課の時間は日によって異なることもある。また、突然の作業や来客のため、スケジュールが入れ替わることも多い。食事もおおよその時間は決まっているが、はっきり朝昼晩と三度の食事に決めて分けてはおらず、基本的に好きなときに食べている。特に昼食という概念はなく、昼食と呼んでいる時間帯の食事は、実際にはミルクティーを飲むか、たまにヨーグルトを食べる程度である。

2-3-2　肥沃牧草地 B の概要

　肥沃牧草地 B は筆者の調査地のなかで最も牧草資源に恵まれ、近くには川があり水資源も豊富な場所である。政府の公式統計資料によると、2014 年の全県の牧草地総面積は 14,016km² で、牧畜世帯数は 6,404 世帯である。2017 年のヤクは 110,700 頭、ヒツジとヤギは合わせて 75,000 頭、ウマ 4,000 頭とされている。牧草や水が豊富なため、乾燥高冷地 A と比較して人口と家畜の密度が高い。

2-3-2-1　組の概要

　肥沃牧草地 B の R 家が所属している組には、約 10 世帯、約 100 人が所属しており、みな親戚同士である。日々の生活のなかでお互いに手伝い、協同作業をする。また月に 1 度、川の中の漂流物と川沿いのゴミを拾い、川の環境を守る活動をしている。7 月の中旬に組のメンバーが参加する運動会を開催するが、その参加者と出席者は男性のみである。

2-3-2-2　肥沃牧草地 B の人々

　R 家とそのほかの 2 世帯は夏の放牧地を共にし、3 世帯のテント

は互いに約 500m 離れて張られている。R 家は R 夫婦、長男、長女、次男、三男（故人）、中学生の次女、小学生の三女、小学生の四男、そして四女、五女で構成される（**図 4**）。2017 年に生活を共にしていたのは R 夫婦と四女、五女の計 4 人であった。7 月中旬から 8 月中旬の夏休み期間に入ると、学生である次女、三女、四男が寄宿先から家に帰って来たため、一時的に計 7 人がテントで暮らしていた。他家に嫁いだ長女と寺で修行する長男と次男は年に数回ほど帰省していた。R 家はヤク 94 頭、ウマ 3 頭、イヌ 2 頭を飼っている。イヌは、G 家と同じく番犬の役割を担う。R 家は羊を飼っていない。

2-3-2-3　R 家の生活状況

　R 家は牧畜を営んでおり、標高 4,200m に位置する冬の本拠地と、標高 4,100m に位置する夏の放牧地の 2 ヶ所で生活をしている。R 家の夏の放牧地は山から下りた平らな草原にあるが、寒い冬は強い風をよけるために山の中腹地の谷間に本拠地を構える。毎年 6 月下旬から 10 月中旬までは夏の放牧地で放牧する（**写真 5**）。ただし 2017 年は例外で、牧草養生のため政府の指導によって例年と比べ

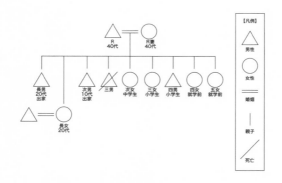

図 4　肥沃牧草地 B　R 家の関係図（2017 年当時）

て2ヶ月近くも早い8月23
日に冬の本拠地に戻ることに
なった。R家の夏の放牧地に
は3世帯、約25人が集まっ
て生活している。

写真5　R家の夏の放牧地の風景
（肥沃牧草地B）

　2017年のR家の年収は約
73,000元（約125万円　2017
年10月の為替レートにより）で
あった。その内訳は、1kg100
元のバター約50kgを販売して5,000元、冬虫夏草が1本18元で
売れるため、年間約2,500本販売すると概算45,000元、Rは獣医
であるため政府支給の獣医の給料として年額5,000元、政府支給の
牧草地手当1人あたり2,000元、戸籍上9人分で18,000元である。
　R家はウマを3頭所有しているが、オートバイと自家用車とトラ
ックを所有しているため、日常の移動や運搬にはウマは使用しない。
ごくまれに、夕方になっても囲いに戻ってこないヤクを探しに行く
ためにウマを使用することがあるが、基本的に移動や使役のためで
はなく、社会的地位の象徴として飼っているようである。またR
家は太陽光発電システムのバッテリーを所有しており、昼間の充電
で、夜の照明、バター加工機械などの電力を十分にまかなうことが
できた。

図5 ヤクを係留するロープ

写真6 冬季の牛糞で造る牛糞垣(ゾクラ)
(肥沃牧草地B)

2-3-2-4 R家の放牧方式

R家では夏季も冬季も以下のようなスケジュールで放牧する。朝、Rの妻は搾乳してからヤクたちを係留場から放す。夕方になると、ヤクたちが係留場に戻る。夕方になって、係留場に戻っていないヤクがいる場合は探しに行く。冬季は十分な牧草がないため、夕方になってもヤクの群れが係留場に戻らないことがしばしばある。その場合は暗くなる前にヤクの群れを探しに行って連れて帰る。

係留場ではヤクたちが休む場所として地面にロープを張り、簡易的に目印となる領域をつくる。このロープには間隔を置いて枝ロープとその先端に木でつくったフックのようなものがついており、ヤクたちはそれに繋がれる(**図5**)。厳冬期の12月から3月までは雪が積もり風が強いが、係留場には壁や屋根のようなものは無く、ヤクたちは牛糞垣で囲まれた風雪よけのなかで過ごす(**写真6**)。

毎年6月中旬に冬の本拠地から20kmほど離れた夏の放牧地へ移動する。移動の前に、あらかじめRは夏の放牧地にテントを張っ

表 4　肥沃牧草地 B　R 家の夏期の 1 日の流れ

肥沃牧草地 B　R 家
4:00　起床
搾乳（だいたい 7:00 まで行う）
5:00
6:00
7:00　牛糞拾い、ヤク係留場の掃除
8:00　朝食、バター加工
9:00　チュラ（保存食で、カッテージチーズのようなもの）を作る、その後糞を加工する
10:00
11:00　休憩、雑用
12:00
13:00　昼食 ※時間は決まっていないが毎日の仕事として、牛糞の乾燥具合を見計らい、乾燥した牛糞を回収する。
14:00
15:00
休憩、雑用
16:00　お茶休憩
17:00　雌ヤクや子ヤクが戻ってくる
搾乳（だいたい 17:00~21:00 までの間に行う）
18:00
19:00
20:00
21:00　夕食
バターを加工
22:00　お経を読む、歌を歌う
23:00　就寝

※厳寒期（12 月 ~2 月）は牛糞垣を作るので、朝食前に牛糞を拾う。そして、拾った牛糞で牛糞垣を作ったり、犬小屋を作ったり、食肉保存庫を作ったりする。

ておく。引越し当日の朝、搾乳が終わるといつものようにヤクを放すのではなく係留場に留めたままにし、朝食の後にRの妻が夏の放牧地に連れていく。Rは生活用品と貴重品と乾燥している牛糞を10袋ほどトラックに載せて夏の放牧地に持っていく。3往復ほどで引越しは完了する。夏の放牧地における宿営地の配置図を図9に示している。

2-3-2-5　R家1日の生活の流れ

　R家の夏季の放牧地での1日の流れを表4に示す。朝の4時から4時半に起きて搾乳を開始する。R家には目覚まし時計があり、人々は時間を気にしている。7時前までに搾乳を終わらせ、ヤクを放し、囲いのなかに残された牛糞を拾う（写真7）。この作業は、燃料の収集だけでなく囲いを掃除するという目的もある。

　収集作業が終わると手を洗い、朝食の支度をする。朝食には麦こがし、チュラ、バター、ミルクティーを混ぜたテルマという食べ物とゴマルという揚げパンのようなものを食べ、食後にヨーグルトを食べる。バターの加工は電動のクリームセパレーターを使用しているため、朝食をとりながらバターの加工を行う。

　朝食後、バターを取り出した脱脂ミルクを金属の容器に入れてヨーグルトを加え、かき混ぜながら2、3時間かけて中火で煮る。ある程度水分が飛んで固形になったら袋に注ぎ、テントの外の地

写真7　牛糞拾い
（肥沃牧草地B）

面におき、1日かけて水を切る。翌朝に乾かし、3日から5日間かけて完全に乾燥させ、保存食のチュラができあがる。チュラを乾かす仕事が終わると牛糞を加工する。牛糞を加工する作業は30分ほどで終わる。その後、チャを飲んだり、雑用をしたりして過ごす。昼食は13時から14時の間にとることが多く、昼食後も家事をして過ごす。

16時半にチャを飲む時間があり、17時をすぎると雌ヤクと子ヤクたちが続々と戻ってくる。まず雌ヤクを係留場のロープに固定し、子ヤクはフェンスで隔て、1頭ずつ係留場に連れていく。母ヤクのところで3分ほど乳を飲ませた後、子ヤクを母ヤクから引き離し、母ヤクをロープに縛り搾乳を始める。子ヤクの刺激がないと、母ヤクの乳が出なくなるからである。搾乳した後、母ヤクを放して再度牧草を食べさせ、子ヤクはそのままロープに繋いでおく。最後に囲いに帰ってくるのが雄ヤクである。搾乳が終わる21時ごろから夕食を食べる。朝食のときと同様に夕食を食べながらバターを加工する。夕食のあとは、経を読んだり歌を唄ったりする。寝る時間はいつも23時前後である。

冬の11月の終わりから3月の終わりまで、日常的に食べるヨーグルトとミルクティーに使う牛乳用以外は搾乳することはない。厳冬期の12月から2月の間は、翌年の越冬のための牛糞垣をつくるため、朝食の前に牛糞を拾う。拾った牛糞で牛糞垣をつくったり、イヌ小屋をつくったり、食肉貯蔵庫をつくったりする。

2-3-3　都市近郊農村Cの概要

チベット自治区の首府であるラサから約100km離れた山あいに位置する場所を都市近郊農村Cと呼ぶ。都市近郊農村Cは半農半牧畜が営まれる地域で、標高は約4,100mである。森林はないが、

灌木と木が点在している。2016年の政府公式の統計資料によれば、この県の牧草地総面積は約3,446km²で、牧農世帯数は11,290世帯である。2017年の家畜頭数は193,000頭となっている。肥沃牧草地Bよりもさらに人口と家畜の密度が高く、乾燥高冷地A、肥沃牧草地Bと違い農業を兼業していることが特徴としてあげられる。

2-3-3-1　村の概要

都市近郊農村CのJ家が位置する村は、4つの組に分かれており、そのうちJ家が所属している組は18世帯である。この組全体で所有されているヤクの頭数は3,000頭ときわめて多い。これは、1世帯あたり平均166頭のヤクを所有していることになる。200頭以上所有している世帯は7、8世帯あり、70、80頭所有している世帯が5、6世帯ある。J家では約100頭のヤクを所有していた。都市近郊農村Cの各家は、乾燥高冷地Aと肥沃牧草地Bの各家に比べ、ヤクの所有頭数が多いだけでなく、農耕のためのゾも所有している家もあった。

2-3-3-2　都市近郊農村Cの人々

J家の位置する場所は県政府所在地から約30km離れた谷間である。J家は7世帯と一緒に住んでおり、お互いの家の距離は約10~100m離れている。都市近郊農村Cのヤク小屋は家のそばにあり、屋根がある小屋と、

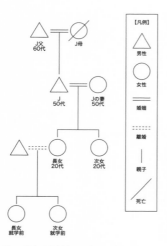

図6　都市近郊農村C　J家の家系図
（2017年当時）

屋根がない小屋、また半屋根の小屋もあり、各家によって異なっている。J家のヤク小屋には屋根がない。また、J家がつくっている主な農産物はジャガイモとハダカ麦である。ジャガイモは主に自家用、ハダカ麦は自家用と換金用に栽培している。

写真 8　J 家のハダカ麦の畑
（都市近郊農村 C）

J家はJ夫婦とJの父親、娘2人、孫娘2人の合わせて7人家族である。家族構成は**図6**に示す。

2-3-3-3　J家の生活状況

　J家の本拠地は山の中腹にあり、家から上の山肌には放牧地が広がっている。家から下に下りていった山の麓に、麦を栽培する畑を0.0113km² ほど所有する（**写真8**）。毎年6月から9月の間は、夏の放牧地で放牧する。毎年約10月1日からヤクを麓の畑に降ろし、11月30日までの2ヶ月間、収穫後の畑の麦わらや収穫後に残ったものを食べさせる。それ以外の時期は、ヤクが畑の作物を食べてしまわないように、畑へ下りる道の柵は閉めてある。

　栽培するハダカ麦はほぼ自家用だが、急に現金が必要になったときなどに備蓄したものを販売することがある。2017年には1kgあたり6元のハダカ麦を1,800kg販売し、10,800元の現金収入を得た。

　冬虫夏草の2017年の単価は1本15元~25元で、J家は約350本の冬虫夏草を販売し、7,000元の現金収入を得ていた。また、1頭10,000元のヤク2頭を販売し、20,000元の現金収入を得ていた。

そのほかにも、トラック1台に満載した牛糞を700元~900元の単価で4回販売し、3,000元の現金収入を得ていた。政府支給の牧草地手当が一家に200元支給され、同居を含めた7人家族のJ家の2017年の収入は、合計で約41,000元（約70万円 2017年10月の為替レートにより）であった。

　毎年5月15日から6月15日の1ヶ月間は、彼らにとって重要な収入源である冬虫夏草を掘る時期である。この期間はみな自分の牧草地にある冬虫夏草を掘る。冬虫夏草は年間収入の6分の1を占めており、この1ヶ月間はどの家にとっても重要な時期である。

　2017年のJ家の暦によると4月27日~6月27日が春期、6月28日~8月28日が夏期、8月29日~11月19日は秋期、11月20日~4月26日が冬期とされていた。

　J家ではオートバイ1台とトラックを1台所有している。オートバイは市街地に行くときに使われ、トラックは農作業や大きな荷物を運搬するとき、また牛糞を街へ販売しに行くときにも使用する。

2-3-3-4　J家の放牧方式

　都市近郊農村Cは夏期に放牧する際、各家から放牧を担当する者だけが放牧地で放牧し、それ以外の家族は本拠地で農業を行う。J家の場合はJが主に放牧を担当している。

　都市近郊農村Cでは、夏の放牧地が村全体で共有されており、年ごとに交代で各世帯に割り振られる。J家の放牧地については夏以外の放牧地は家の周りにある。各家では、割り当てられた夏の放牧地の牧草の状態によって、夏の放牧地へ移動する日を決めている。たとえば、良い放牧地は牧草が早く茂るため移動するのも早い。また秋になっても放牧地にまだ牧草が生えていれば本拠地に戻らず、食べられる牧草がなくなるまで夏の放牧地に残る。年によって、移

表5　都市近郊農村C　J家の1日の流れ

	都市近郊農村C J家（夏の放牧地の場合）	都市近郊農村C J家（夏の本拠地の場合）	都市近郊農村C J家（春、秋、冬の場合）
4:00	起床、搾乳		
5:00	牛糞を収集		起床、搾乳 搾乳後、牛糞を収集して乾燥場所へ運ぶ
6:00	朝食、その後放牧		
7:00		起床、朝食	朝食 放牧担当が放牧する
8:00		※朝食を食べた後に、バター作りやヨーグルト、チュラを作る。そして、牛糞を乾燥したり加工を行う。その後、畑仕事を行ったり、雑用を行う。	※朝食を食べた後に、バター作りやヨーグルト、チュラを作る。そして、牛糞の加工や、乾燥した牛糞の回収を行う。その後、畑仕事を行ったり、雑用を行う。
9:00			
10:00			
11:00			
12:00	昼食 ※お昼頃から夕方までの間に手のあいた家族がミルクと牛糞を取りに来る。家族が来ない場合は放牧担当者が持って行くこともある。		
13:00		昼食 ※午後は主に家事や畑仕事、雑用を行うが、近所の家に遊びに行くこともある。	昼食 ※午後は主に家事や雑用、畑仕事を行うが、近所の家に遊びに行くこともある
14:00			
15:00			
16:00			
17:00	ヤクは係留場に戻る、搾乳		ヤクはヤク小屋に戻る、搾乳
18:00			
19:00		夕食	
20:00			
21:00	夕食		夕食、バター加工
22:00	就寝	就寝	就寝
23:00			

Cでは、夏期のみ家の放牧担当だけが放牧地で放牧を行い、家族の放牧担当以外は本拠地で農業を行う。12月~3月までは、日々食べるヨーグルトとミルクティ用のミルク以外に搾乳をしない。その期間内は、ヤク達の食べ物が少なく生産量が減るため、子ヤクに残しておくためである。

動日が 1 ヶ月以上ずれる場合もある。本拠地から放牧地までの距離も年によって異なり、5km のときもあれば 15km のときもある。

都市近郊農村 C では、世帯ごとの牧草地の割り当てがそれほど広くなく、また割り当てられた各牧草地の地形や牧草の状態に差があるため、ほかの家の牧草地にヤクが入り込むとトラブルになることが多い。そのため、放牧時にはヤクが牧草地の境界を超えないように常時見張っていなければならないが、他人の家の牧草地をまたいで移動する際には、ヤクが多少牧草を食べても構わないようである。

2-3-3-5　J 家 1 日の生活の流れ

都市近郊農村 C では夏とその他の季節で 1 日の流れが異なり、それぞれを**表 5** に示す。

夏の放牧地での作業は朝 4 時から 5 時に起きて搾乳した後ヤクの糞を収集してから、簡単な食事を済ませる。ヤクを見張るためヤクと共に行動しなければならないので、バターなどの乳製品を加工している時間はない。そのため、だいたい 2 日おきに搾乳したミルクを回収するために家族が本拠地から来るか、もしくは夜、ヤクたちが係留場に戻って搾乳した後で本拠地に持っていくなどして乳製品の加工を行う。

昼の食事は簡単なもので、本拠地から家族がミルクを取りに来た際に食べ物を持って来る。夕方暗くなる前にヤクたちは係留場に戻り、搾乳してから夕食をとり 22 時前後に寝る。

ヤクの糞は搾乳後に収集し、その場でジョテーブと呼ばれる円盤形に加工することもある。後の章（第 3 章）で詳しく述べるが、ジョテーブとは直径が約 26cm、厚さ 1.5cm ほどの円盤状の加工牛糞である。そのまま放置しておき、ある程度乾燥してから袋に入れ、

2日から3日おきに本拠地に運んで加工する場合もある。頻度は各家の事情によって異なる。本拠地に運ぶ場合、糞はすでに乾燥して固くなっており、加工が難しいため水を加えて柔らかくしてから作業する。

　夏の間放牧地に行かずに本拠地に残っている家族は、朝7時に起きて、朝食の後にバター、ヨーグルトやチュラをつくってから、ヤクの糞を加工したり、乾燥したヤクの糞を回収したりし、その後、畑仕事や雑用をする。昼食は13時から14時の間にとる。午後は家事をするのが主な日課であり、近所の家へ遊びに行くこともある。夕食は19時から20時頃にとり、22時前後に寝る。

　本拠地では、毎朝5時頃に起床し、搾乳してヤクを放し、ヤク小屋から牛糞を収集して乾燥場所へ運ぶ。牛糞はヤク小屋のそばの日当たりの良い斜面で加工する。朝食後、乳製品の加工作業が終わってから、収集した牛糞を15分間ほどかけて加工する（**写真9**）。

　J家の村では、ほとんどの家で牛糞をジョテーブに加工する。加工して乾燥したジョテーブを、家の近くに積み上げて保管する。

　牛糞加工が終わったら畑仕事を始め、13時から14時に昼食をとる。午後は主に家事や雑用、近所の家へ行くなどして過ごす。暗くなる前に、ヤクたちをヤク小屋に戻して搾乳をする。搾乳の後、21時ごろに夕食をとりながらバターを加工する。乳の量が少ないときは、朝のミルクと一緒にバターを加工することもしばしばある。バターの加工を終えると22時から23時頃に寝る。寝る前

写真9　ジョテーブの加工
（都市近郊農村 C）

には暖房のために牛糞を消費するが、できるだけ消費量をおさえて換金用にするため、22 時より前に寝ることが多い。12 月から翌年の 3 月までは、ヤクたちの食べ物が少なく産乳量が減り、子ヤクのための乳を残しておくために、自分たちが普段ヨーグルトとミルクティーに消費する以上の搾乳はしない。

2-3-4 近代都市 D の概要

近代都市 D はチベット自治区の首府ラサおよび第 2 の都市シガツェである。ここでは主にラサでの調査によるものが多い。近代都市 D はほかの中国の都市とほとんど変わらず、ビルが建ち、バスやタクシーなどの交通、インターネットなどのインフラが整っている。ラサはチベットの古都で、観光地として有名なポタラ宮殿や、チベット仏教の寺院として有名なジョカン寺があり、政府の機関などが集まるチベットの中枢都市である。多くのチベット人や漢族の人々が都市生活を営み、彼らの需要を満たす商店や飲食店、その他近代都市にあるような施設が揃っている。牧畜民はほとんどいないため、家畜からの生産物を必要とする際には近隣地域の生産者から購入することになる。

2-4 牛糞と生活の関わり

2-4-1 調査地でのヤクの特徴

ここでは主に調査地で飼育されているヤクの特徴をまとめる。ヤクは生後 3 週間ほどで牧草を食べ始めるが、乳も飲む。1 歳になる前のヤクは、牧草と乳半々を摂取する。子ヤクが乳を飲むのは 2 歳までであり、2 歳以上になると牧草だけで十分になる。子ヤクは 3 歳になると実質的に飲まなくなるが、子ヤクが乳を飲むと母ヤクが

乳を出すため、3歳になっても乳を飲ませることでヒトが乳を得ている。都市近郊農村Cでは、生まれた子ヤクがすぐに死んだ場合、母ヤクは乳を出さなくなってしまうため、次のようなことが行われる。まず、母ヤクをヤクの係留場から出し、母ヤクに見えないように死んだ子ヤクの内臓や肉、骨を取り出して皮だけにする。その後なかに藁を詰めて子ヤクの皮で剥製のような人形をつくる。この子ヤクの人形の匂いを搾乳の前に母ヤクにかがせると、1年くらいは搾乳ができる。上手な飼い主は2年ほど搾乳ができると言われている。

　雄ヤクは3歳で性成熟し、雌ヤクは3歳から4歳で妊娠可能となる。ヤクは最大で3年に2回出産することが可能で、一般的には2年に1回、1頭を出産することが多い。妊娠期間は約8ヶ月間で、出産は暖かくなり始める5月から7月にすることが多い。ヤクの発情期は、6月から11月でピークは7月と8月である。自然に交配することもあるが、より良いヤクを求めて人工的に交配させることもある。雌ウシを持つ飼い主たちは、より良い雄ヤクを求めて、お互いに交渉し合う（**資料Ⅱ　家畜ヤクの繁殖**も参照）。

　雄ヤクは雌ヤクよりも長生きし、雄の平均寿命は21-23歳である。24歳以上まで生きるのは珍しい。一方、雌の平均寿命は13-14歳であり、お産をするため寿命が短いといわれている。雄は20-21歳で歯が抜け始めるため、その頃には麦の穂や葉っぱを食べさせる。歯が無い雄は短い牧草を噛み切ることができないので背の高い牧草を好む。

2-4-2　牛糞の文化的重要性

　牛糞の文語表現は「ༀ་ཉ」と綴り、「ジョワ」と発音する。口語では「ༀ་ཉ」と綴り、「ジョ」と発音する。文語の「ジョワ」には「重

厚」という意味がある。チベット文化に造詣の深いジニン氏（ラサ在住）は、牛糞が「重厚」と同音異義語であることについて、牛糞はチベット人の生活のなかで、とても重要な役割を果たしているからだという。両者の言葉はたまたま同じ発音だったのか、「重厚」という言葉を隠喩として用いているのかは不明であるが、チベット人にとっては当然両者の共通性は意識されているだろう。イヌの糞や人間の糞は汚いと捉えられるが、牛糞については汚いものとは全く思っておらず、牛糞を直接手で取り扱う。神に捧げる神聖なものであるサンを焚くときにも牛糞を燃料として使用している。こうしたことからも牛糞の文化的な重要性が推察される。

2-4-3　牛糞の特徴

　ヤクの糞は季節、食べている牧草、年齢、性別、ヤクの体調などによって糞の色、形が異なる。特に、年齢と共に排泄する糞の形が変化する。ヤクの糞は蒸しパンのように丸く盛り上がっているものもあれば平らなものもある。雨に濡れたりして水分を多く含み、軟らかく平たくなっている糞もあり、特に夏はそのようになりやすい。

　生まれて1週間くらいまでの乳しか口にしていないヤクの糞はツィルヌと呼ばれ、色が黄色っぽく、水分を多く含んでいる。牧草を食べ始めると、糞の色が少しずつ変わり、黒い糞を排泄するようになる。1歳半くらいまでの糞はウィジュと呼ばれ、松ぼっくりのような形状である。下痢の糞はニャンワと呼ばれる。ジョジョクと呼ぶこともある。誤って砂などを食べてしまった後のヤクの糞はヤルジュカムボと呼ばれ、色は白っぽくセメント状である。Rの父は、ヤクは喉が渇くと砂を食べると説明した。このように、肥沃牧草地Bの牧畜民は糞の特徴によりその呼び方を変えている（**写真10**）。

　牛糞は建築資材としても利用しやすい。その理由は排泄したばか

ツィルヌ
生まれたばかりのヤクの糞

ウィジュ
生まれて45日のヤクの糞

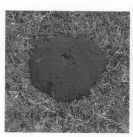

ニャンワ
下痢状のヤクの糞

ヤルジュカムボ
砂を食べて、排泄したヤク糞

写真10　牛糞の様々な状態

写真11　牛糞の煙で毛織物加工
（都市近郊農村 C）

りの糞は水分を含んで軟らかく、土よりも粘性があり加工に適しているからである。また、牛糞には植物の繊維がたくさん含まれているため、乾燥すると硬くなり、雨や日光にも強いという特徴がある。

牛糞を燃料にすると、薪のように炎を出して激しく燃えたり、急に火が弱くなったりするようなことがない。加えて、石炭のように高温になりすぎることもなく、安定した温度を得ることができる。このような特性を活かして、毛織物の仕上げにも牛糞が使われる（**写真11**）。織りあがった毛織物は、表面の毛羽立ちを焼いて櫛でといてなめらかにするが、この毛焼き工程では必ず燃焼させた牛糞の煙で炙る。石炭や木材では温度が安定せず、温度が高すぎて炎が出てしまい、毛羽立ちだけではなく織物本体を焼いてしまうことがあるからである。

2-4-4　牛糞の加工

本書では、加工した牛糞を加工牛糞、加工していない牛糞を天然牛糞と呼ぶ。加工牛糞は大きさや形をそろえることで保管しやすくなるという利点がある。チベットでは燃料の切り芝を集めて切りそろえ、ジョカンという倉庫に保管する習慣があるが、牛糞も同様に形をそろえて保管している。また牛糞を加工することで密度が高くなり、燃焼時間がより長くなる。牛糞の加工は女性の仕事であり、上手に牛糞を加工して保管することは、良妻賢母か否かの指標でもあるとされている。

2-4-4-1　天然牛糞と加工牛糞の違い

加工していない天然牛糞と加工牛糞を比較すると、天然牛糞のほうが引火しやすく火力が大きく、煙が少ない。しかし、天然牛糞は空気を多く含むため燃焼時間が短い。それに対し、加工牛糞は隙間

がなく圧縮されており、少しずつ燃焼するため火が長もちする。

このような特性から、加工と天然の使い分けがされている。来客が多い新年には、煙があまり出ない天然牛糞を好んで使うという家がある。水分の少ない秋の牧草を食べたヤクの糞には大量の草繊維が残っており、よく乾燥していて、質の良い天然牛糞である。そのため、新年の時期や大事な来客のために取っておく家もある。また儀式や儀礼で使う牛糞は、いくつかの場面で必ず天然牛糞でなくてはならないといわれている。

チベットには牛糞を加工しない地域もある。たとえば、北部チベット高原のナクチュ地区および乾燥高冷地 A では牛糞の加工を行わない。牛糞を加工しない理由として以下の 4 つが考えられる。

第 1 に、水の不足があげられる。夏の北部チベット高原は気温はそれほど高くないが、日差しと風が強く乾燥している。また気圧が低いため、すぐに水が蒸発する。

早朝のヤクたちが集中的に糞を排泄する時間帯は搾乳作業の時間と重なる。そのため、まず乳を搾り、その後で牛糞を加工しようとすると、排泄した牛糞は既に半分くらい乾いてしまう。乾燥した牛糞を加工するには少し水を加えて軟らかくする必要があるが、北部チベット高原では極端に水が不足しているため、牛糞を加工するために水を使うことができない。また湿った牛糞を加工して、汚れた手を洗う水も無い。そのため、牛糞を自然乾燥させ、完全に乾燥したら回収して燃料にしている。

第 2 に、気温が低いことがあげられる。春秋冬の季節は気温が低いため、排泄した牛糞が乾燥する前に凍ることも多く、凍った牛糞の加工は困難である。

第 3 に、保管スペースと得られる牛糞の量である。乾燥高冷地 A では保管スペースが十分にあるためそのまま積んでおいても良く、

収納場所に困るほどたくさんの牛糞が得られないということも加工しない理由の1つである。

第4に、第1の理由と重なるが、非常に乾燥した地域であるため、特に加工しなくても乾燥しやすく十分に燃える牛糞が得られるからだと考えられる。

2-5　牛糞炉

本書では、牛糞を燃料とするかまどのことを牛糞炉と呼ぶ。牛糞炉はチベットの人々にとってとても重要な生活用具である。調理用具であり暖房器具である牛糞炉は、テントや建物の中心に設置

写真12　テントの入口から牛糞炉に向かって右が男性、左が女性の空間（肥沃牧草地 B）

してある。鉄製牛糞炉の場合、牛糞の投入口はテントや建物の入口に向かって正対しており、煙突は奥に向かっている。そして煙突の後ろに神棚がある。この配置は調査地ではどの建物でも変わらない。土や石でつくられた土炉の場合は地面に固定されており、煙突がついていないことが多い。

家の入口から牛糞炉を正面に見ると左側は台所、右側は上座とされている。男性の来客は右のほうに座り、女性客は左に座る。また基本的に、その家の男性メンバーは右側に座る。夜、就寝するときも同様である（**写真12**）。チベットの牧畜を研究しているチベット人研究者である南太加はテント内の空間を以下のように説明している。

ラの内側はかまどを中心に2つの居住空間に分けられる。入口から奥に向かって右は男性側、左は女性側である。右の男性側はポキュムといい、仏壇をはじめとする宗教関係のものなどが置かれ、左の女性側はモキュムといい、搾乳桶や台所用品、食器棚などが置かれる［南太加 2018: 93-24］。

　写真12の牛糞炉は、現在チベット高原でよくみられる鉄製の牛糞炉である。しかし、約数十年前まで鉄はチベット高原の人々にとって高価なものだったため、「土炉」と呼ばれる石やレンガ、土などを利用してつくられたかまどを使うのが一般的であった。現在でも一部の遊牧民は夏の放牧地で簡易な土炉をつくっている。

2-5-1　鉄製牛糞炉（チャクト）

　チャクトは、現在のチベット高原で一般的な鉄製牛糞炉である。**図7**のように水平方向に伸びる煙突を兼ねた天板と台座の部分の二段になっているのが特徴的で、この天板と台座の間に牛糞を燃やす炉の部分がある。炉の部分の牛糞投入口は牛糞炉が置かれている家やテントの入口を向くように設置する。天板には一般的に3個の穴が開いており、ここがコンロになっている。

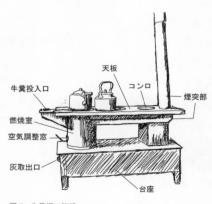

図7　牛糞炉の説明

写真13　①牛糞炉のコンロ、②牛糞の投入口、③牛糞の灰の引き出し（肥沃牧草地 B）

写真14　夏の放牧地で使われている土炉（都市近郊農村 C）

地域によっては穴が1個や2個の牛糞炉を使っているところもある。このコンロに鍋ややかんなどを置いて調理する。天板のコンロ以外の場所も、下が煙突となっており高温になるため、鍋ややかんに入れたお茶やミルク、食品などの保温に利用することができる。また、下の台座の部分も、横にある炉の部分や煙突からの遠赤外線の放射によって、ものを温めることができる。牛糞を燃焼する際には牛糞炉全体が温まるため、牛糞炉に容器を載せておけば、容器内のものを加熱・保温することができる。煙突によって煙は室外へ排出される。そのため、発生する煙の影響は室内ではほとんどない。

　燃焼した灰は、**写真13**のように台座部分にある引き出しのような箱に落ちて、灰の片付けも簡単にできるようになっている。

2-5-2　土炉（タプカ）

　鉄製の牛糞炉が普及するまでは、一般家庭では土や石でつくられた手製の炉が使われていた。このような土炉はタプカと呼ばれる。

ほとんどの場合、煙突がないため室内で使うと煙の影響が大きく、灰の処分も手間がかかる。タプカは地面に固定してつくられており、一度つくると毎年放牧で移動してきたときに同じ土炉にテントを建てて使用し、壊れるまでは半永久的に使用する。石製の土炉の場合はほとんど壊れることがないが、土製の場合は風雨にさらされると傷みやすいため、実際には数年で壊れることも多い（**写真 14**）。

　外出の際は牧草地などで石を 3 つ使った即席の簡易牛糞炉をつくり、拾った牛糞を燃やしてチャを作ったり、食べ物を温めたりすることもある。

2-5-3　豪華な牛糞炉

　近年の観光客の増加により、一般の民家が民宿を始めることが多くなった。そのような民宿では、普通の民家の牛糞炉ではなく、美しい装飾が施され、デザイン性の高い牛糞炉を使用している。

　また、郊外のリゾート宿泊施設と料理店を兼ねた料亭では、豪華な装飾が施されたディスプレイ用の大型鉄製牛糞炉をロビーに設置していることもある（**写真 15**）。

　そのほかにも、わざわざレトロな土製の牛糞炉や牛糞の実物、チベットの豪華な生活道具などを高級チベット式料理店の入口に配置し、昔の生活の様子を再現していることもある（**写真 16**）。

2-5-4　その他の牛糞炉

　現在ではあまり使用されていないが、携帯用につくられた高価な牛糞炉もある。これらには使用状況を考えた様々な工夫があり、機能的につくられている。現在では実用品というよりはコレクターの収蔵品として残されている。

　写真 17 は携帯用の石製の五徳で、3 本でひと組になっており、1

写真 15　高級料亭のロビーにある豪華な牛糞炉

写真 16　高級チベット料理店に設置してある昔風の土炉
（近代都市 D）

写真 17　携帯用の石製の五徳（高さ 29cm）

つずつに分かれた足を立てて利用する。上にのせる容器の大きさに
合わせて足の間隔を広げて使用することが可能である。ラサに住む
裕福な家庭では携帯用の石製の五徳をランカーと呼ばれるピクニッ
クをするときや数日のキャンプで使う。これは少なくとも 70~80
年前のものであり、チベットでは当時まだ鉄が高価だったため、石
でつくられている。高さは 29cm くらいあり、重く安定性があって
持ち運びにも便利である。

　写真 18 は現在でも見ることができる携帯用の鉄製の五徳である。

写真18 携帯用の鉄製牛糞炉（高さ28cm）

写真19 鉄製携帯牛糞炉（高さ36cm）

五徳の３つの爪が大きく突き出しており、小さな容器ものせて加熱することができる。軽量で持ち運びしやすいため、放牧の際には日常的に使われている。写真のもののサイズは、高さが28cm、上部の輪の直径が25cmである。このような携帯用の五徳は低いものでは、高さ15cm、上部の輪の直径が18~20cmのものもあった。高さが低い物は特に携帯性にすぐれ安価でもあるが、高さが足りずそのままでは下に牛糞を置くことができないため、五徳の下の地面に穴を掘って使用する。掘った穴による防風効果もある。

　また、**写真19**の鉄製携帯用牛糞炉は、高さ36cm、直径は下部が27cm、上部は21cmであった。五徳の爪は短く丈夫にできており、大きめな鍋に対応している。五徳の爪や脚の幅が広いため安定性は高い。炉の部分の側面と底面に空気を取り入れる穴が開けられていた。この牛糞炉は約70年前のもので、現在はあまり使われず、裕福な家庭のランカーやキャンプなどで使用される。

　また、牛糞炉のコレクターが所有する骨董品のなかには、60年前から80年前の陶器製で、遊牧民がヤクにのせて持ち運びやすいように、２つに分割できる牛糞炉もある（**写真20**）。半分で約50kg、

写真 20 陶器製の牛糞炉（高さ 35cm）

写真 21 家畜用の牛糞炉（高さ 90cm）
（都市近郊農村 C）

2 つあわせて約 100kg である。幅は約 55cm で奥行きは約 53cm、高さが約 35cm であった。上面が広いため、保温スペースがたくさんあり、大きい鍋 1 つと小さい鍋 2 つを同時に加熱できる。

2-5-5　牛糞炉への信仰や敬意

　牛糞炉には複数の種類があるが、たとえ美術的な価値が高いものや機能性を重視したもの、簡易的なものだとしても、牧畜民たちは家で使用される牛糞炉と同じように敬意を払う。

　近年、ラサの高級チベット式料理店の入口またはロビーに設置してある昔ながら風の牛糞炉は、チベット人の生活の一部を再現しており、その展示からは牛糞炉が生活のなかにおいて代表的な道具だということがうかがえる。

2-5-6　家畜用の牛糞炉

　その他に家畜用の牛糞炉もある。これは気温が低い時に家畜に冷たい水を飲ませると下痢をするなど、体調を崩したり病気になりやすいので、家畜に飲ませる水を温めたり、牧草の量が少ない厳冬期は、混合飼料を金属の容器に入れ、水を加えて煮たものを補助的に

家畜に食べさせたりするためのものである。冬だけでなく夏でも極端に寒い天気のときには、冬と同様に家畜の飲用水を温めるために利用する。

　家畜用牛糞炉は屋外に設置する。石を積み重ねてつくったものが多く、**写真21**は約90cmの高さで、幅は60cm、奥行きは100cmほどのものである。このように家畜の背丈にあわせて低めにつくっている。石やレンガで作った家畜用牛糞炉もあるが、ドラム缶や土で作った簡易な家畜用牛糞炉もある。都市近郊農村Cではこのような家畜用の牛糞炉をよく見かける。

第3章　燃料としての利用

標高が高く、燃料として利用可能な植物がほとんど育たない地域では、牛糞は燃料として大変貴重である。本章では、牛糞の最も重要な用途である燃料としての役割がどのように利用されているのかについて記述する。

3-1　乾燥高冷地 A の資源状況

標高 5,000m 以上に位置する乾燥高冷地 A の気候は非常に寒冷で、7~8 月の夏の期間でも雪が降ったり夜間に霜が降りたりする。8 月の中旬以降はだんだんと気温が下がっていくが、節約のために夏の間は暖房目的では燃料を使わない。主に牛糞と羊の糞を燃料として使用しているが、それ以外にも手に入る様々な野生動物の糞と草を燃料として使用している。糞を利用する野生動物は主に、チルー（チベットカモシカ Pantholops hodgsonii ［徐 2001: 32]）、チベットノロバ（Asinus kiang ［徐 2001: 32]）、チベットガゼル（Procapra picticaudata ［徐 2001: 32]）である。人口 2 万 3 千人が住むこの地域にもガソリンスタンドがあるが、日本の九州よりも広いこのエリアに 2 軒しかなく、しかもガソリンは高価である。またプロパンガスステーションもあるが、これも輸送が不便であるためにプロパンガスが高価であり、多くの遊牧民にとってはどちらも現実的な燃料ではない。

1990 年代までは、牛糞は種火としても使われていた。チベット高原の、特に乾燥高冷地 A は標高が高いため特殊なライターでなければ点火は難しく、牧畜民は点火にいつもマッチを使っている。

写真22　山から糞を収集して帰路につくG
（乾燥高冷地A）

写真24　乾燥高冷地Aの燃料
長方形で囲まれたのが枯れ草、丸が牛糞、
その他は野生動物の糞

写真23　バンデン　既婚女性がつける前掛けのようなもの
（都市近郊農村C）

また、たとえマッチがあっても引火材がなければ火を起こすことは難しいため、毎晩寝る前に種火としての牛糞に引火し、その上に灰を被せておき、翌朝の着火剤として用いていた。

3-1-1　乾燥高冷地 A での燃料の収集

　G 家のヤクは自由放牧のため毎日家に戻ることはなく、安定した糞の収集ができない。また、6 頭しかいないので、十分な量の糞も確保できない。そこで、G 家では自分の牧草地に落ちている自身が所有するヤクの糞のほかに、野生ヤクやその他の野生動物の糞も収集して燃料としている。慣習として、自分の牧草地に落ちた糞は他人が所有するヤクの糞であっても拾うことができる。一方、たとえ自分の所有するヤクが排泄した糞であっても、他人の牧草地に排泄された糞は拾ってはならない。ただし、野原で臨時に火を起こしてチャを作ったり、暖をとるためであれば他人の牧草地であっても、糞を拾って使っても構わないとされている。

　ヤクや野生動物の糞の収集は、毎日放牧作業に行く際に行う。放牧担当でない人は、昼食の後、山に登りながら糞を拾う。山に登りながら収集する場合、麓で収集した糞は、ある程度の量を集めたら道の途中に置いておく。さらに上へ登りながら拾った糞は、山の下の方に投げる。そうすることで、下山するときに効率よく袋に拾い集めることができる。ひとりで約 10kg 弱の糞を拾って帰る（**写真 22**）。牛糞を入れる袋はギェと呼ばれる毛織物の袋である。現在では化繊の物が多い。袋が糞でいっぱいになると、前掛けであるバンデンを使用することもある（**写真 23**）。

　G は燃料を拾うときに、ほかの動物のものよりできるだけヤクの糞を拾うようにしている。牛糞と野生動物の糞は羊の糞と比べて大きく厚さもあり、乾燥にむらがあるため、拾ってきた糞はきれいに

広げて干す（**写真24**）。干した糞は雪や霜で湿ってしまわないよう、夜には袋に入れてテントのなかにしまう。G家では冬期の燃料を確保するため、その日に拾ったヤクや野生動物の糞の大半を保存するようにしている。一部はその日に使用するが、主な燃料としては飼っている羊の糞を使用していた。

　夏は乳を搾るため、羊は15時頃に放牧から帰ってくる。羊たちは帰ると、テントの近くにある係留場に集まる。夜間に排泄した糞は翌日の昼間には乾燥するため、これを集めて不足分の燃料として使う。

　冬季、G家では2、3日ごとに、羊たちが排泄した糞を羊小屋からバケツなどに入れて集め、乾かしたのち、袋に回収して室内で保存する。冬季以外の季節で天気が良い場合には、Gの息子または夫が1、2週間に1回ほど、オートバイに乗ってヤクの様子を確認しながら牧草地を回り、毎回1袋10kg前後の糞を4、5袋分ほどまとめて拾って帰る。

3-1-2　乾燥高冷地Aでの燃料の加工と保存

　燃料としての糞には、ヤク、羊、野生動物の糞があるが、G家ではヤクの糞を節約しているため、テントのそばにある羊の係留場に散乱している羊の糞を集め、燃料として優先的に使用する。

　乾燥高冷地Aは気圧が低く非常に乾燥しているため、ヤクが排泄したばかりの糞は、日に当たると1日で表面が乾燥する。

　収集してきた牛糞と野生動物の糞が完全に乾燥していれば、収集する際に入れた袋のままテント内に収納し、冬の間の燃料にする。あまり乾燥していない糞は袋から取り出して、屋外で地面に敷いた布やシートの上に置いて干す。夜間はその上から毛布などをかけて霜を防ぐ。屋外に干していた糞は乾燥後、袋には収納せずにそのま

写真 25　乾燥高冷地 A の燃料である枯れ草
（*Arenaria kansuensis*）

写真 26　乾燥高冷地 A の燃料である草
（*Androsace tapete*）

ま使用する。

　G 家の隣家である Z 家のテントの広さは 10m² ほどである。テントの中央には牛糞炉を設置し、壁際には、牛糞などの燃料を入れた袋と、換金物としての羊の毛と皮を入れた袋、そのほか生活用品がぎっしりと収納されている。そのような空間のなかで 8 人家族が暮らしている。夏の間でも夜は気温が氷点下になることもあり、牛糞は霜や湿気を防ぐためにテント内に収納する。牛糞の収納場所を確保するために、夫婦と祖父、幼い子どもの計 5 人はテント内で眠り、年長の子ども 3 人は屋根も壁も無い屋外で眠る。

　動物の糞のほかには、枯れた草を掘り出して持ち帰り、完全に乾燥させてから保存用の燃料として使用することもある。これらは中国名で「雪霊芝」（*Arenaria kansuensis*［徐 2001: 59］）というナデシコ科の植物（**写真 25**）や「墊状点地梅」（*Androsace tapete*［徐 2001: 60］）というサクラソウ科の植物（**写真 26**）である。

3-1-3　乾燥高冷地 A での燃料の使い分け

　燃料の使用目的は種類によって異なる。野生動物の糞は繊維が多

いことから着火はしやすいが、燃焼時間は短い。牛糞は火力が強く、燃焼時間が長いため料理用に適している。短時間で火力が必要な場合には羊の糞を使用するが、着火が難しいため、先に着火させた牛糞やその他の野生動物の糞の上に被せて使う。羊の糞は燃焼時に炎はなく、赤熱し、発熱量は多くサイズが小さいため火は長続きしない。

　枯れ草は外出時や就寝時の熾火用に使用される。大きいものではひとかたまりあたり2時間と最も長もちするが、火力は非常に弱い。就寝時に牛糞炉の火を消す際、枯れ草をひとかたまり入れると暖まったテント内の温度を緩やかに低下させることができる。

3-1-4　乾燥高冷地 A での燃料の使用量

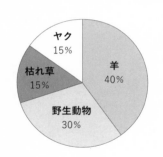

図8　G家が2015年夏季に使う
燃料の割合（乾燥高冷地A）

　G家が夏季に拾う燃料は、1日あたり牛糞が約9kg、野生動物の糞が約13kg、枯れ草が約3kgの計25kgである。羊の糞は必要に応じて、羊の係留場から集めて使用する。それに対し、夏季である6~9月の1日の燃料使用量はおよそ、牛糞2kg、野生動物の糞4kg、羊の糞5kg、枯れ草2kgの計13kgであった（**図8**）。

　冬季は夏季と比べて燃料の使用量が多い。毎日の料理用と暖房用に使う燃料は、ヤクと野生動物の糞が約5kg、羊の糞が約15kg、枯れ草は約3kgほどの計23kgほどである。それでも節約のためになるべく食事とバター茶を作った後の余熱で体を温めるようにしており、暖房用に燃料を追加し続けることはあまりない。

3-2　肥沃牧草地 B の資源状況

　標高 4,200m に位置する肥沃牧草地 B は、黄河の源流に近いため、水資源が豊富である。また周囲には灌木が茂り、豊かな牧草地がある。しかし、川周辺の灌木はこの地域の保水にも貢献しているため、牧草の生育への影響など環境破壊の懸念から、燃料としては使われていない。街まで行けばガソリンスタンドもプロパンガスステーションもあるが、肥沃牧草地 B は交通が不便であるうえに燃料も高価である。R 家は車を所有しているためガソリンを利用するが、プロパンガスは利用しない。R 家の炊事や暖房の燃料は牛糞のみを使用している。牧草地や道端には馬糞が落ちていることがあるが、馬糞は繊維質で火力は強いが長もちしないため使わない。この地域では牛糞資源が豊富であり、牛糞が主要な燃料とされている。季節ごとに牛糞の特性が異なるため燃料としての質にも違いが生まれ、収集や加工と保存の方法も季節ごとに変えられている。以下、季節ごとに説明していく。

　肥沃牧草地 B の遊牧民たちにとって、春は 4 月の中旬頃から 6 月の中旬頃までの 2 ヶ月間である。その時期は雪が少しずつ解けていき、雪解け水が豊富で雨の日も多いため湿度が高い。冬虫夏草が土から出始める 5 月中頃からの約 40 日間は、現金収入が得られるシーズンとなる。この季節になると学校は冬虫夏草休みに入り、学生たちは実家に戻って冬虫夏草の採集を手伝う。冬虫夏草を掘りに行けない幼い子どもたちは親戚に預かってもらう。

　この時期のヤクはみずみずしい牧草を大量に食べ、水分を多く含んだ黒い糞を排泄する。こうした牛糞を燃料にする場合、引火が難しく火力が弱く煙も多いため、燃料を十分確保できる家では春の牛糞を使わないことが多い。春にはほぼ毎日雨が降るため地面も濡れ

表6 R家の春の牛糞の水分量

	排泄したばかりの牛糞 （kg）	乾燥した牛糞 （kg）
①	1.85	0.45
②	1.91	0.39
③	1.23	0.375
④	2.135	0.5
⑤	1.385	0.295

※牛糞1個分の重さ。
※春の牛糞は朝に排泄されたものと徹底的に乾燥させたものを比べた場合75％が水分であることが分かる。

表7 R家夏の牛糞の水分量

	排泄したばかりの牛糞 （kg）	乾燥した牛糞 （kg）
A	21.94	6.895
B	27.145	8.1
C	19.5	5.49
D	31.61	9.825
E	26.925	8.3

※ジョイーに加工する前の牛糞1山分の重さであることに注意。
※夏の牛糞は、水分率が66％であり、春の牛糞と比べると春の方が水分量が多く燃えにくいことが分かる。

ており、牛糞を乾かしにくいことも、この春の牛糞が好まれない理由の1つである。そのうえ春には、牛糞に含まれる繊維を餌にする虫が発生する。虫に食べられた牛糞は良い燃料にはならないだけではなく、それを燃やすこと自体がチベット仏教における殺生に該当してしまうため、春の牛糞はあまり利用されずに放棄されることが多い。

　この時期の牛糞の乾燥度を計るために、あるヤクが春に一晩で排泄した糞5つを準備した。これを乾燥しやすくするためにジョザップと呼ばれる方法で細かくちぎって、2日かけて燃料として使える状態まで乾燥させた（各季節における詳しい加工方法は3-2-2で述べる）。この乾燥した牛糞を乾燥する前の重さと比較すると、4分の1程度の重さになっていた（表6）。つまり、糞の75％が水分だったのである。この計測結果からも春の牛糞に水分が多く含まれることがわかる。

　冬虫夏草を掘るシーズンが終わると、冬の本拠地から20kmほど離れている夏の放牧地へ移動する準備を始める。毎年の6月下旬から10月中旬までの約3ヶ月間、夏の放牧地に滞在する。2017年の

夏のテントは川から 40m ほど離れた川沿いに張った。肥沃牧草地 B では真夏と呼べるような暑い期間は 7 月の下旬頃から 8 月の初旬頃までのわずか 10 日ほどで、それでも最高気温は正午で 22℃ であり、夜が 10℃ ほどであった。

　ここでも、乾燥する前の牛糞と乾燥させた牛糞の重さを比較した（表 7）。夏の牛糞はジョイーと呼ばれる方法で、乾燥しやすいように地面に薄く団扇形に広げた状態に加工した。燃料に適した状態に乾燥するまでには一週間を要した。乾燥すると重さは乾燥前の 3 分の 1 程度になったことから、夏と春の牛糞を比べると春の牛糞の方が水分が多いことがわかる。

　9~10 月の 2 ヶ月の間は秋とされている。この期間は時々雪が降り、薄いテントでは寒さに耐えられないため、10 月 10 日に冬の本拠地に移動する。毎年 11 月から翌年の 3 月までが冬とされている。11 月の初めから草が枯れ始め、ヤクの食料が減ると雌ヤクが低栄養になり、搾乳量も減少する。

3-2-1　肥沃牧草地 B での燃料の収集

　春には各家庭の主婦たちは、毎朝の搾乳の後にヤクの係留場を掃除しに向かう。前節で述べたように春の牛糞は燃料に適さないため拾っても棄ててしまい、春が終わる頃には棄てられた牛糞の山ができている。春の牛糞のなかでも繊維が多く色がやや緑のものは燃料として使用できるが、水分量が多く繊維が少ない色が真っ黒な牛糞は燃料として適さないため、R 家では牛糞を選別している。子ヤクは柔らかい草を好んで食べることが多いため、糞は水分量が多く、たいていの場合その糞は燃料としては選ばれずに捨てられる。

　牛糞拾いは、7 時頃から始まって 40 分ほどで終わる（写真 7）。背負っているセブという籠に牛糞を入れ、ある程度の牛糞が集まった

ら係留場から 5m ほど離れた廃棄牛糞の山に捨てる。一度に捨てる牛糞の重さは約 30kg であり、毎朝約 12 籠分拾い、棄てる牛糞の総量は約 400kg におよぶ。

　廃棄牛糞の山のことを肥沃牧草地 B では「ゼーゾルムゴー」と呼ぶ。「ゼーゾル」は「山」という意味で、「ムゴー」は「不要な」という意味である。夏には乳搾りの作業が終わると、バターづくりのために乳を鍋に注いで牛糞炉で加熱するが、沸騰させずに時間をかけて 45℃ ほどに温める。その間に係留場に排泄された牛糞を拾う。夏の間は草が豊富でヤクの糞の量も多いため、すべての糞を燃料にする必要がない。水分が多くて色が黒い牛糞は燃料に適さないので、廃棄されて山になっている。この廃棄牛糞の山は 2 年ほどで自然に風化し、5 年後にはほとんどなくなる。燃料として良質だと判断された牛糞は、籠に入れて加工する場所へ持って行く。

　秋の牛糞の収集は搾乳の後に行われる。春や夏と違い、籠を使わず両手で糞を拾って、その場でジョフオンに加工する。

　冬は、朝食前に牛糞を拾って牛糞垣をつくる。牛糞垣作りは 1 年で一番寒い 12~2 月に行われる。この時期の牛糞は凍っているため、丈夫な牛糞垣をつくることに適しているが、時間が経つと地面に凍りついてしまうため、なるべく凍りつく前に拾う。そこで、先に牛糞拾いをして牛糞垣を作ってから搾乳作業を始めるが、牧草の少ないこの時期にとれる乳の量は限られており、子ヤクの分の乳を確保するため、人間が使う量は控えめにしている。

　この地域では、夏の間の 7 月と 8 月が牧草の育ちが一番良い時期であり、牛糞も一番多く採れる。また、一番晴れる季節でもあるため、牛糞の乾燥に適している。それ以外の月は雨または雪や霜が降るため、牛糞の乾燥がなかなか難しい。

3-2-2 肥沃牧草地 B での燃料の加工と保存

　春は雨がよく降るため、地面が濡れて牛糞がなかなか乾燥しない。そのため牛糞を細かくちぎり、ジョザップと呼ばれる加工方法で牛糞を加工する（**写真 27**）。本書ではこのような加工方法で加工した牛糞をジョザップと呼ぶ。ジョザップはビニールシートの上や日当たりの良い斜面に広げて乾燥させる。ジョザップにすることで牛糞がすぐに乾燥して虫が発生しないため、虫によって牛糞に残った草繊維を食べられ、燃料としての質が落ちることや殺生などを防ぐことができる。ビニールシートに干したジョザップは夕方回収し、翌日にまた干す。斜面に干しているジョザップはそのままにして、完全に乾燥してから回収する。乾燥には 3 日を要するが、雨が続く場合はさらに時間がかかる。乾燥した牛糞は R の弟の家のように本拠地がテントの場合は、テント内に保管する。テント内の片隅に牛糞を保存するスペースがある。スペースの大きさは、奥行き約 2m ×幅約 1.2m である。対して R 家のような、本拠地がレンガやコンクリート造りの家の場合は牛糞をジョカンと呼ばれる牛糞倉庫に保管する。R 家の倉庫の造りは特徴的で、倉庫の壁の 1 つの面は山肌に沿って作られている。倉庫をつくるための材料は、レンガやコンクリート造りの家を建てた際の残りで作られるため、材料を節約することができている。

　夏の間は湿度が高く雨も時々降るため、牛糞を乾かすのが難しい。そのため、牛糞を薄い団扇形になるように地面に押しつけて広げたジョイーと呼ばれる加工方法で牛糞

写真 27　ジョザップ　春季の牛糞加工方法
（肥沃牧草地 B）

を加工する（**写真28**）。本書で
はこのような加工方法で加工し
た牛糞をジョイーと呼ぶ。春の
加工牛糞と同じ理由で、牛糞を
薄く押し広げることで早く乾燥
し、虫の発生を防止することが
できる。R家の夏の放牧地では
十分なスペースがあるため、ジ
ョイーを加工することが可能に

写真28　ジョイー　夏季の牛糞加工方法
（肥沃牧草地B）

なる。十分なスペースがない家では、夏もジョザップに加工する場
合もある。

　毎朝拾う牛糞は、大小を含めて約260~300個である。そのうち
繊維部分を多く含む牛糞をジョイーに加工し、ほかはすべて廃棄牛
糞の山に廃棄する。朝食の後に毎日15~30個ほどのジョイーをつ
くる。計測したところ、17個のジョイーをつくるのに23分かかっ
ていた。平均すると1分半から2分ほどで1個のジョイーが完成す
ることになる。完全に乾燥したジョイーはジョケムと呼ばれる熊手
のような道具で回収される。1つのジョイーは10個ほどの牛糞で
つくる。Rの妻はジョイーをつくるとき、団扇のような形に広げて
つくる。ジョイーは手作りであるため、サイズはそれぞれである。
計測したところ、1つのジョイーの円周は5~6mくらいあり、真ん
中の一番幅が広いところでは1.5~2.3mほどあり、奥行きは
1.3~1.7mである。乾燥したジョイーの厚さは0.2~0.6cmである。
ジョイーの重さもそれぞれである。1個あたりのジョイーは新鮮な
牛糞を21.94kg使い、乾燥したら6.895kgになる。多い場合は1
個あたりのジョイーは31.61kgの新鮮な牛糞を使い、乾燥したら
9.825kgになる。少ない場合は1個あたりのジョイーは19.5kgの

新鮮な牛糞を使い、乾燥したら **5.49kg** になる（**表7**）。

　夏の牛糞は水分を多く含むが、ジョイーのように薄くのばして干すことで、天気が良ければ3日で乾燥させることができる。排泄した形のまま放置してしまうと、雨水で少しずつ溶けていったり、虫に食べられたりして使えなくなってしまう。牛糞垣が少ない家では冬の燃料を節約するため本拠地にいる5~6月頃にジョイーやジョザップをつくり始めるが、R家では牛糞垣が多いため7、8月に夏の放牧地に行ってからジョイーをつくり始める。

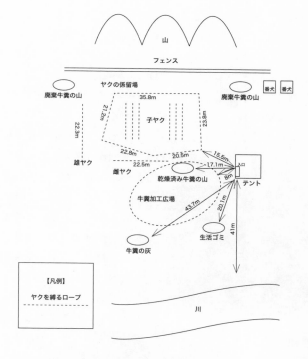

図9　肥沃牧草地B　R家の夏の宿営地の配置図（2017年）

乾燥したジョイーを集めてジョイーの山をつくる。ジョイーを加工・乾燥させる広場はテントから 8m ほどの場所にあり、ジョイーの山はテントの正面から 17m ほど離れたところに作られていた。燃やした牛糞の灰はテントから約 44m 離れた場所に捨てていた。普段はジョイーを山にして取りやすいようにしているが、頻繁に雨が降るため、すぐにビニールシートを 1 枚軽くかけられるようにしてある。2017 年の夏、R 家のジョイーの山は円周 14m、高さは 80cm であった。また、廃棄牛糞の捨て場はテントから 20m 以上離れたところにある（**図 9**）。

　秋に冬の本拠地に戻る 2 週間前は朝の牛糞を収集しながらジョフォンと呼ばれる加工方法で加工する。ジョフォンとは、牛糞を地面に向かって力いっぱい投げつけ、砕いて加工する方法である（**写真 29**）。本書ではこのような加工方法で加工した牛糞をジョフォンと呼ぶ。秋は早朝の気温が低くなっており、夜に排泄された牛糞は朝になると既に表面が凍っているものも多いので、春や夏のような方法で加工するのは難しい。そのためジョフォンの方法で加工する。投げつけられたジョフォンは回収せず、そのまま放置して自然乾燥させる。天気にもよるが、乾燥させるには 10 日を要する。夏の放牧地に放置したまま本拠地に戻った後、時間があるときに回収しに行く。秋の牛糞の収集と加工はすべて朝食前に行う。本拠地では牛糞を加工するスペースが夏の放牧地より狭いため、ジョフォンに加工しにくい。秋の牛糞は燃えやすく、火力が強く煙が少ない。

写真 29　ジョフォン　秋季の牛糞加工方法
（肥沃牧草地 B）

この時期の牛糞はとても質の良い牛糞である。10~11月にかけて草は完全に枯れる。ヤクたちが食べる草も枯れているため、排泄した糞はやや茶色のものが目立つ。

12月に入ると屋外はほぼ毎日マイナス20℃以下になり、風雪の強いときは更に寒く感じる。この時期にゾクラと呼ばれる牛糞垣を造る。牛糞垣は、冬の間に牛糞を保管する役割も担っている。牛糞垣を造るのは大変で、もっともつらい作業のひとつである（**写真6**）。冬に作った牛糞垣は、翌年の春に燃料として使うことになる。牛糞垣の乾燥には3ヶ月ほどかかる。

3-2-3　肥沃牧草地Bでの燃料の使い分け

ジョザッブは着火性は良いが火もちは良くないため、主に着火剤として使用されている。春は本拠地で過ごすため、本拠地に牛糞垣として保存されている冬の牛糞を燃料として使用している。春の間は前年度の冬に作った牛糞垣から牛糞を取り出して使う。

R家のある肥沃牧草地Bでは、春はまだ寒い時期であるにもかかわらずそれほど牛糞を使用しない。それは14歳以上の家族が山に冬虫夏草を探しに行き、日中の家が留守になるからである。朝食と夕飯の炊事、チュラの製造と乳の加熱、そしてミルクティーづくりという目的以外では牛糞をあまり使わないため、比較的少ない牛糞で済む。

R家では夏の放牧地に移動してからは、最初の数日間は本拠地から持ってきた牛糞を使っていたが、その後はずっとジョイーを使用していた。秋に本拠地へ移ってからもしばらくの間は夏の放牧地で使い残していたジョイーを使用する。ジョイーを使い切り燃料がなくなると、夏の放牧地で加工したジョフオンを取りに戻り、本拠地での燃料とする。このとき回収した大量のジョフオンは牛糞倉庫に

保管される。ほかに利用する燃料がなくなると牛糞垣の牛糞を使うが、なるべく牛糞垣以外の牛糞を先に使う。冬の間は前年度につくった牛糞垣の牛糞を使う。

3-2-4　肥沃牧草地 B での燃料の使用量

続いて、ここまでの牛糞使用量についてまとめる。春は、主に牛糞垣から牛糞を取り出し、1 日で約 35~40kg を燃料として使用する。

夏に使う牛糞は 1 日あたり約 40kg で、特に寒い日は少し多めに使う。たとえば 2017 年 8 月 10 日には 49kg を使っていた。この日は朝 6 時のテント内の気温は 4℃であり、テント外の気温はマイナス 0.3℃、川の水温が 5.2℃で、昼間の気温は 10℃を超えなかった。そのため、料理とチュラをつくるとき以外にも、テントを暖かくするために継続的に牛糞を追加していた。他の日については R 家の2017 年 8 月の牛糞使用量を**表 8** に記載している。

秋の初め頃や夏の放牧地にいる間はジョイーを使用する。10 月10 日以降であっても冬の本拠地に移動したばかりのときは、夏の放牧地から持ってきたジョイーを使用することがある。秋の間は毎日約 40kg の牛糞を使う。

冬の間に毎日使う牛糞は約 60kg で、厳寒期にはより多く消費する。冬は雪が降っているためあまり外出せず、朝晩にヤクの世話をする仕事のために屋外に出るくらいである。そのほかの時間は室内にいて、休みなく牛糞炉に牛糞を追加する。R 家の 2017 年の年間の牛糞使用量を**表 9** に記載している。

肥沃牧草地 B の R 家の牛糞は余るほどあるが、周囲の人々もみな牛糞を持っているため、売るとすれば買い手がつく県政府所在地の街で売る必要がある。しかし、R 家は街から離れており、牛糞を街まで運ぶためのガソリンと人件費を考慮するとコストが高いため、

<table>
<tr><th>表8　R家8月の牛糞使用量
（2017年）</th></tr>
</table>

	牛糞使用量（kg）
8月　1日	40.5
8月　2日	42.193
8月　3日	41.37
8月　4日	42.695
8月　5日	36.496
8月　6日	40.607
8月　7日	39.95
8月　8日	43.275
8月　9日	40.575
8月 10日	48.945
8月 11日	45.23
8月 12日	36.621
8月 13日	35.69
8月 14日	47.125
8月 15日	38.13
8月 16日	42.346
8月 17日	51.23
8月 18日	39.897
8月 19日	39.545
8月 20日	35.61
8月 21日	45.635
8月 22日	43.495
8月 23日	25.26
8月 24日	38.95
8月 25日	40.06
8月 26日	43.68
8月 27日	47.2
8月 28日	46.01
8月 29日	45.71
8月 30日	46.9
8月 31日	51.07
総重量	1,302
平均	42

表9　R家の年間の牛糞使用量
（2017年）

月	平均使用量 （kg）	月間使用量 （kg）
1	65	2,015
2	65	1,820
3	50	1,550
4	35	1,050
5	35	1,085
6	40	1,200
7	40	1,240
8	42	1,302
9	40	1,200
10	40	1,240
11	60	1,800
12	65	2,015

夏の牛糞（6~9月）の使用量：4,942Kg
冬の牛糞（10~5月）の使用量：12,575Kg

牛糞は換金物にせず贅沢に使い、燃やし放題の状況である。

　牧畜生活から離れ、街に移住する人々には牛糞の需要がある。街では石炭や、プロパンガスが入手できるが、彼らにとって使い慣れた牛糞燃料は使いやすく、低価格なために好まれている。

　牛糞の販売に関しては村に住んでいる牧畜民は販売する暇がなく、一方で街の近くに住んでいる牧畜民は牛糞を商店や飲食店、街の住民に販売して、換金している。彼らは周囲の山で牛糞を拾うが、これらの牛糞は収集時にはすでに乾燥しているため、自然のままの形で街で販売する。また、朝ヤク囲いで収集した牛糞は円盤形に成形して、乾燥させてから販売する。

　街の近くに住んでいる牧畜民は家の敷地にそれほどスペースがないため、牛糞を収納しやすい円盤形に加工して、乾燥したら積み並べて牛糞垣をつくる。ジョイーとジョフォンはつくらない。販売している牛糞は円盤形に加工したものと天然牛糞である。

　牛糞を街に持って行って販売する際は、トラックに 25kg の袋を 20 袋くらい、計約 500kg の牛糞を載せて行って販売する。2017 年の相場では 1 袋約 25kg で 25 元（500 円弱）で販売していた。1kg は 1 元となる。1 回で 20 袋を全部売り切った場合は 500 元の収入が入る。彼らにとっては大きな収入源となるため、家では牛糞を節約して使っている。

　街にある年間 10 ヶ月営業している四川料理店では、暖房用の石炭の着火材として牛糞を年間約 100kg 使用する。また街の住民には暖房用と料理用に年間 1,000kg の牛糞を使用する家庭もある。その家庭では、石炭も使用している。また、街に定住した牧畜民は牧草地もヤクも所有していないため、牧畜をしている親戚などから入手した牛糞を販売する場合もある。このように、ひとつの牛糞ビジネスとして成立している。

3-3　都市近郊農村 C の資源状況

　標高 4,100m に位置する都市近郊農村 C では、灌木と木がわずか
に生えているが、燃料として使うには十分ではない。また、ハダカ
麦を栽培しているが、収穫した麦の藁は冬季のヤクの飼料となるた
め燃料としては利用しない。街のガソリンスタンドとプロパンガス
ステーションは遠くにあり、利用するのは難しい。電気は引かれて
いるが、時々止まることがあり、料金も彼らの収入からすれば非常
に高いため、照明以外では使わない。燃料として使われるのはヤク
の糞のみである。

3-3-1　都市近郊農村 C での燃料の収集

　夏の放牧地にいる間は、早朝に搾乳した後牛糞を収集する。その
場でジョテーブと呼ばれる円盤形の加工牛糞に加工して干す場合も
あるが、そのまま放置しておき、ある程度乾燥させてから、袋に入
れて 2、3 日おきに本拠地に運んでジョテーブに加工する場合もある。
　本拠地にいる間は搾乳後にヤク小屋から牛糞を収集して、牛糞の
加工・乾燥場所へ運ぶ。牛糞の加工・乾燥場所はヤク小屋のそばの
日当たりの良い斜面である。J 家の牛糞収集は R 家と似ているが、
R 家では使用する牛糞を厳選して、質の悪いものは不要な糞として
捨てていたのに対して、J 家の場合は下痢をした糞と子ヤクの糞以
外はすべて必要な糞として収集し、燃料として加工する。下痢をし
たヤクの糞は繊維質が残っておらず、子ヤクの糞は松ぼっくりのよ
うな形だが、これもまたあまり繊維質がなく、利用する価値がない
（**写真 10**）。

3-3-2 都市近郊農村 C での燃料の加工と保存

　形の異なる加工牛糞にはそれぞれ名称と特徴がある。円盤形の加工牛糞は「ジョテーブ」と呼ばれ（**写真30**）、球形の加工牛糞は「ジョリエリエ」（**写真31**）、楕円形は「ジョレェゴゥ」（**写真32**）、四角形の加工牛糞は「ジョレレーブ」（**写真33**）と呼ばれる。サイズにもよるが、最も燃焼時間が長いのはジョリエリエである。ジョリエリエとジョレェゴゥは燃焼時間が長いため牛糞を炉に追加する手間が省けるが、着火は少し難しい。ジョテーブは最も利用されている形で、割って大きさを調節しやすい。つまり、燃焼時間や火力の調節がしやすいということである。家庭ごとに好みの形と収納の都合があり、ほとんどの家では加工する牛糞の形を1種類に決めている。都市近郊農村 C では、各家で加工する牛糞の形が異なる。家の都合に応じて加工牛糞の形やサイズは様々である（**写真34**）。

　J家では冬季以外の、春、夏、秋の季節は牛糞をジョテーブに加工する。夏の放牧地に放置された牛糞はある程度乾燥した状態になる。そのような状態の牛糞はすでに硬くなっており、加工が難しいため、水を加えて軟らかくしてから加工する。冬季と冬季以外では加工作業をする時間帯や加工牛糞の形が異なる。春、夏、秋は、朝食後に牛糞を薄い円盤状のジョテーブに加工する（**写真9**）。冬は暖かい午後になってから四角形のジョレレーブに加工する。

　ジョテーブは日光に当てて、10日間干して片面が乾燥したら、裏返してさらに10日間乾燥させる。両面とも乾燥すると立てることが可能になるため、3、4枚のジョテーブを互いにもたれかけるようにして立て、通気性を良くしてさらに10日間乾燥させる。このようにして干すと30日ほどで完全に乾燥する（**写真35**）。

　乾燥させたジョテーブの保存方法はいくつかあり、壁の上に並べて置いたり、積み重ねて大きな円柱形を作ったり、厚い牛糞垣を作

写真 30　円盤形に加工された牛糞ジョテープ
（都市近郊農村 C）

写真 31　球形に加工された牛糞ジョリェリェ
（都市近郊農村 C）

写真 32　楕円形に加工された
牛糞ジョレェゴウ（都市近郊農村 C）

写真 33　直方体に加工された牛糞ジョレレーブ
（都市近郊農村 C）

写真 34　各家で加工された様々な形の牛糞の例
（都市近郊農村 C）

写真 35　ジョテーブの乾燥
（都市近郊農村 C）

写真 36　J 家のジョジョンゴ
（都市近郊農村 C）

ったりする。積み上げたジョテーブの表面に新鮮な牛糞をコーティングすることで、なかのジョテーブが雨によって濡れることを防ぐことができる。また、乾燥したジョテーブを庭の塀の下に、壁に沿って積み重ねて保存する場合もある（**写真 36**）。これら乾燥した牛糞を積み並べた牛糞垣はジョジョンゴと呼ばれている。

　ジョテーブは手作業で作られるため、形にばらつきがある。J 家で作られた 100 個以上のジョテーブを計測したところ、乾燥したジョテーブの直径は約 26cm、厚さ 1.5cm、重さ 260g であった。J 家では約 100 頭のヤクを所有しており、6~10 月に毎朝収集した糞で 120~130 個のジョテーブを加工することができた。それらの糞でジョテーブを加工するには 30 分もかからない。1 つのジョテーブを作るのにかかる時間は一番速い時で 4.55 秒であった。ゆっくりと作っている場合は、1 つのジョテーブに 11.4 秒かけていた。他の家事がある場合は急いでジョテーブをつくるが、時間の余裕がある場合には時間をかけてジョテーブの形を丁寧につくる。草が少ない季節ではジョテーブの生産量は半分にまで減ることもある。

　J 家では牛糞をジョテーブに加工するが、その他の家では様々な形に加工している。ジョテーブは薄く、客が好みに応じて割れるた

め扱いやすい。換金物にする場合はジョテープに加工することがほとんどである。また、客の要望に応じて注文した形に加工することもある。自家用の場合は、各家の牛糞炉の牛糞投入口の形や主婦の好みに応じて加工する。

　冬の牛糞の加工作業は他の季節とは異なる。冬の早朝は極寒で、牛糞はすでに凍結してすぐには加工できないため、集めた牛糞を日当たりが良い場所に置き、気温が上がって凍った牛糞が軟らかくなり始める正午または午後2時頃から加工作業を始める。

　牛糞は少し軟らかくなるとはいえ、それでも硬いため、加工するのは簡単ではない。彼らは「ジョレレーブ」と呼ばれる四角形の加工牛糞をつくるため、少し水を加えて柔らかくなった牛糞を四角い木枠に入れ、拳骨で力を込めて叩いて押し込む。四角いレンガ形に加工できたら枠から取り出して、次の牛糞を加工する。翌朝、凍ったジョレレーブを庭の塀の上に積み重ねる。凍っているため積み重ねても形は崩れない。ジョレレーブの乾燥には半年以上かかる。

　ジョレレーブは毎日30個ほど加工する。ジョレレーブの大きさ自体は型によってほぼ均一に加工されるが各家によって形や大きさが異なる。重さを計測すると小さなものは107g、大きなものでは1,752gもあり、大きなばらつきがあることがわかった。ジョレレーブを加工する時間帯は冬の1日のうちで一番暖かい午後であるため、みな世間話をしながら加工する。実際には30個のジョレレーブをつくるのに30分かからないが、雑談をしながらつくると1時間かかる場合もある。

3-3-3　都市近郊農村Cでの燃料の使い分け

　J家では、調理用と暖房用ともにジョテープを使っている。ジョレレーブは人間用ではなく、家畜用である。冬の間、ヤクは牧草を

あまり食べていないため、排泄する糞の量も少なく、糞のなかの繊維の量も少ない。そのような牛糞で作ったジョレレーブは引火が難しく火力も弱く、また煙が多いので屋内では使えないため、屋外にある家畜用の牛糞炉の燃料として使う。J家の場合はドラム缶を改造した牛糞炉で家畜用の水を温めたり、混合飼料を作ったりしていた。冬は牧草が少ないためヤクには自家製の飼料を食べさせるが、これも庭の土炉で炊く。飼料の原材料は、麦藁、油を絞った後の菜種の絞りかす、ツァンパとサポ（**写真 37**）と呼ばれているイラクサと塩である。経済的余裕の無い家庭では菜種の絞りかすは使わない。

写真 37　サポと呼ばれるイラクサ

　飼料の原材料を量るのに使う容器は、上の直径が 34cm、下の直径は 28cm、高さは 12cm ほどのたらいである。飼料の材料の量は、たらい 2 杯分の菜種の絞りかす、たらい半分の麦こがし、たらい半分のイラクサ、塩 300~350g 前後と、たらい 6~7 杯のお湯である。これを混ぜながら沸かしたのち、お粥のように軟らかくなったら完成である。飼料を与える頻度は 2、3 日に 1 回程度である。

3-3-4　都市近郊農村 C での燃料の使用量

　100 頭分のヤクの牛糞で、J家の 7 人家族が使用するには十分なジョテーブを作ることができる。1 年間のジョテーブの生産量は、自家消費分を除いた換金用のものがトラック 3 台分である。トラックは荷台幅 152cm、長さ 265cm、高さ 75cm である。トラック 1 台分のジョテーブの価格の相場は 900 元である。同じものを親戚に売る場合は 700 元と安くなる。

近年、地球温暖化の影響で冬の積雪量が減り、以前のような積雪量 12cm には満たないことが多くなったという。J 家では 4 月 27 日～6 月 27 日の春の時期は、1 日約 30 個のジョテープを使用する。6 月 28 日～8 月 28 日の夏の時期も 1 日約 30 個のジョテープを使用する。8 月 29 日～11 月 19 日までの秋の時期は 1 日約 40 個のジョテープを使用する。11 月 20 日～4 月 26 日の冬の時期は 1 日 50～60 個のジョテープを使用する。また、厳寒期は 1 日約 90 個のジョテープを使用する。庭の積雪量が 30cm 以上になるほどの豪雪のときは、ジョテープを 1 日 100 個ほど消費することもある。

3-4　近代都市 D の資源状況

　調査を行った 2017 年には、近代都市 D の電気・ガス・水道・道路といった社会基盤は、中国のほかの都市と同程度に整備されていた。娯楽施設や飲食店、繁華街なども一般的な都市並みに備わっている。近代都市 D に住む人々の日常の炊事では、プロパンガスや電気が使用されている。ただし、多くの茶房ではチャ・スーマと呼ばれるバター茶やチャ・ガーモと呼ばれる甘いミルクティーを保温するために牛糞炉を使用している。炊事のために牛糞を燃料として使う家庭は少ない。しかし、寒期の暖房用に牛糞炉を使って、牛糞を燃やすチベット人家庭は少なくない。特に牧畜地域から引越して来た住民は、牛糞を燃やして暖を取ることを好む。

　その他の地域の政府所在地では、一部の人々はエアコンや電気ヒーターを使っている。またガス、木炭、薪や石炭を燃料として使う人達もいるが、多くのチベット人は牛糞を燃料にしている。彼らは牧畜民から牛糞を購入して燃料としている。また、高齢で牧畜ができなくなった牧畜民も街に住み、購入した牛糞を使用している。

各県の政府所在地にプロパンガスステーションが設置してあり、料理屋や裕福な人々はプロパンガスを調理の際の燃料とするが、暖房にはやはり牛糞を利用する。

　近代都市 D は環境の改善事業を行っている。政府は近年になって大気汚染の原因は牛糞燃料だと指摘している。牛糞を燃やすとPM2.5 の値が上昇するため牛糞燃料の使用を減らすようにと政府が呼びかけを行い、環境汚染管理部門が牛糞の使用を取り締まっている。牛糞を燃焼させたことが環境汚染管理部門に確認されれば200~300 元ほどの罰金が科せられる。これは住民にとってかなりの高額であり、あまり厳密に取り締まりを行ってしまうと牛糞利用者らは生活ができなくなるため、実際には見せしめとしての意味合いが強い。2014 年頃までの取り締まりは緩く、農村からやってきて牛糞売りに対して罰金を課すことはほとんどなかったが、大気汚染の悪化を原因に 2015 年頃から取り締まりが強化されたとのことである。

　また、薪と石炭を燃やすときにも有害物質が発生して大気を汚染していると考えられ、政府はガスと電気の利用を積極的に勧めている。現在の近代都市 D にはガソリンスタンドも少しずつ増えている。地元住民の家と茶房、食堂、飲食関係の店などに頻繁に環境汚染管理部門の係員が調査に入り、牛糞、石炭または薪を燃料として使われているのが発見された場合は口頭で注意される。しかし、近代都市 D の冬は寒く、一部のチベット人にとっては暖を取るための燃料として、手に入りやすい牛糞が今でも欠かせない。

　木炭や石炭もそのまま牛糞炉で燃やすことができ、牛糞と比べても価格はそれほど高いわけではない。2017 年では牛糞は 1 トンの価格が 1,000 元だったのに対して、石炭は 1 トンが 1,200 元であった。また、木炭や石炭は牛糞と比べて煤が出にくく、牛糞よりも

PM2.5 の原因にもなりにくいとされている。木炭や石炭は燃料としての密度も高く、保管の場所もとらない。それでもなお一部のチベット人たちは暖房の燃料として、なじみのある牛糞を使い続けている。これには使い慣れていることも関係しているが、牛糞の燃料としての特性が好まれているという理由もあるようだ。张は「西藏的牛糞文化」で以下のように紹介している。

　　チベットではガスコンロが導入される前から、ラサなどの街に住んでいる住民たちは牛糞を燃料として使っている。街の住民たちの牛糞の使用量が多いので、近くの農村および牧畜地域の人々はロバで荷車を引いて、大量の牛糞をラサなどの街へ運び、街の裏の路地では、よく「ジョワサー」「ジョワサー」と呼びかける声が聞こえる。現在、ラサの茶房、チベット式料理店でも牛糞が燃料として使われている [张 2013]。

　1970 年、7 歳のときにラサに引越してきたリュウ氏の話によると、かつて、近代都市 D の燃料不足はとても深刻な問題であったという。以下にリュウ氏の話をまとめたものを引用する。

　　ラサは牧畜地域ではないので、牛糞があまりありません。そこで、昔のラサの住民の約 9 割は、拉魯湿地（ラサ市内）にみられる多くの芝を燃料として使っていました。1975 年からラサの住民たちは湿地の白馬草という草を切り取って干して燃料としてよく使っていました。その草がなくなった後は、ラサで国営のエネルギー会社が設立されました。この会社は当時のダムシュン（当雄）県で発見されたとても広い草地で切り芝を収集し、10 日から 2 週間ほどかけて完全に乾燥させたものをラサまで運び、燃料とし

ていました。

　ラサで働いている人々がルンドゥブ（林周）県や近隣の農村に
帰省しても、せいぜい2、3袋ほどの牛糞しか入手できません。
私の同僚が農村にいる親戚から6、70袋の牛糞をもらったことが
あり、大ニュースになりました。今はトラックやバスなどの輸送
手段がありますが、昔は今のように便利ではなかったため、少な
い牛糞を手に入れるためにわざわざ実家に帰ることはありません
でした。そのため、1975年から1979年の間はラサの人々は切り
芝を燃料にしていましたが、それも足りませんでした。その後少
しずつ、チベット自治区の外から運んできた灯油や石炭を使い始
めました。また、ニンティ（林芝）地区（当時ではニンティ地区と
呼ばれていたが、現在ではニンティ市になっている）から薪を運んで
くることもありました。これらの燃料は国営のエネルギー会社に
よりラサの住民に配給されました。自分は電力会社で仕事をして
いたため、優先的に配給されました。1975年以前は木の枝を燃
やしていました。米拉峠からラサまでの途中には、当時の人々が
燃料として切ったと思われる切り株がたくさん残っています。

　1970年代は、近代都市Dだけではなく、農村部も牛糞燃料不足
であった。牛糞燃料が手に入らないため応急措置として切り芝を燃
料にしていたが、切り芝は持続的に入手できる燃料ではなかった。

3-4-1　近代都市Dで販売される牛糞

　近代都市Dにはよく周辺地域の牧畜民たちが牛糞を売りに来る
（**写真38**）。

　販売されている牛糞は1袋に約25個の加工牛糞が入っており、
売価は1袋あたり15元（300円弱）である。チベット暦の新年の前

後では需要が高まるため、1袋25元（500円弱）かそれ以上に値上がりする。2018年の値段は19~20元ほどになっていた。また、周辺の地域から近代都市Dへ運送して来た牛糞の価格は、天気や気温によって変動する。たとえば豪雪や気温が極端に低いときな

写真38　牛糞販売のようす
（近代都市D）

ど、需要の高まりと輸送の滞りが同時に起きると、さらに値段が高騰する。

　牛糞を売りに来る牧畜民は、建物の外観からどの町内にチベット人の住民が多く住むか、どの町内に漢民族の住民が多く住むかを判断し、牛糞の売り先を決める。トラック満載の牛糞が1日で完売することもあるが、3日かかることもある。ラサに滞在する間は車中泊をするが、食費として1日100元ほどかかり、ガソリン代のことも考えると、1日で完売することが望ましい。また、牛糞をより高値で売るなら冬季に行商に行くことを選ぶべきだが、冬の近代都市Dはかなり気温が下がるため、車中泊をするのは寒くてとてもつらいため避けている。牛糞を販売しているところを環境汚染管理部門の関係者に見つかると、罰金を科されるか口頭で警告を受ける。

　近代都市Dでの事例ではないが、都市近郊農村Cの地域内の村や県政府所在地では、牛糞とハダカ麦の藁が交換されることもある。2018年の相場では、トラック1台分の牛糞がトラック2台分のハダカ麦の藁と交換できた。これを現金に換算すると近代都市Dで販売するよりも安価になるが、冬に家畜のために飼料として藁が必要であるため、このような交換が成立している。

そのほかにも、街に定住した元牧畜民が、牧畜している親戚など
から牛糞を卸し、小売で販売する場合もある。さらに、近代都市 D
の周辺に住む一部の農村家庭では、専門的にジョテーブを加工して
販売している。9 時頃から作業を開始し、約 1,000 個のジョテーブ
を作り、それを数日かけて乾燥させ、積み重ねて牛糞垣をつくる。
商品としての牛糞加工は自家用の牛糞加工と同じように、収集、加
工、乾燥といったジョテーブをつくるために必要な作業をくり返し、
長時間をかけて行われる。牛糞垣として保管されているジョテーブ
は取り出すとすぐに商品として包装ができるため、必要に応じてこ
の牛糞垣から取り出して販売される。このように、牛糞の販売が牧
畜民の生活から離れた新しいビジネスとなっている事例がみられた。

第4章　牛糞の素材としての利用

　続いて本章では、牛糞を建築資材として利用している事例や燃やした後の灰の利用について紹介する。第3章で紹介したように、牛糞はチベット高原での人々の生活にとって欠かすことができない燃料である。それに加えて、燃料として使用する以上の牛糞を手に入れることができる肥沃牧草地Bのような地域では、牛糞の素材としての特性を活かして、生活のさまざまな場面に活用している。乾燥高冷地Aでは十分な牛糞が確保できず、近代都市Dでは土やセメントが使われるため、こうした事例はみられない。以下に示すものは、おもに肥沃牧草地Bと都市近郊農村Cの事例である。

4-1　建築資材としての利用

　牧畜民は、その特性と身近にあってコストがかからないという利便性から牛糞を建築資材として使っている。彼らは牛糞の特性を利用して、凍った糞をレンガとして使ったり、新鮮な糞をセメントの代わりに利用したりして、食肉の貯蔵庫の建築や壁塗りなどに活用している。

4-1-1　食肉の貯蔵庫（ヒャラ）
　肥沃牧草地BのR家には牛糞で作ったヒャラと呼ばれる食肉の貯蔵庫がある。これは冬の間に食肉を保管するための倉庫である。冬の間は雪が多く、街へ行く道が雪に埋もれて封鎖されることが多いため、食料をたくさん備蓄しておく必要がある。しかし、新鮮な

肉は牛糞炉を使用している暖かい室内で保存をすると腐敗してしまう。一方で、そのまま屋外に置くと、野生動物に食べられてしまう恐れがある。そこで、食肉の貯蔵庫を屋外につくることで、このような被害を防ぐのである。屋外に作られているので気温が低く、また空気が通るため肉の乾燥が進む。丈夫な貯蔵庫に収納することで動物の食害も防ぐことができる。

　R家ではヒャラの大きさは食肉の消費量に影響される。一冬に100kgから200kgのヤクと羊の肉を消費する。また、その年の経済状況や来客頻度によって、消費量は大きく変わる。2017年の年明けは娘が結婚してから初めての正月で来客が多かった。またこの年の正月は弟の家が倒壊し、弟家族が正月の間かなりの期間、同居していた。そのため、いつもの年より多くの肉を消費した。2020年のチベット暦の新年に、ヤク200kg、子羊1頭25kg、羊1頭33kgをお祝いのために用意した。三女が2019年の秋に西寧にある少数民族の学生しか入学することができない名門中学校へ進学することが決まり、お祝いの客がいつもより多く来たため、食べ物をいつもより多めに用意したからである。

　彼らはヤクと羊の肉を茹でて食べることもあるが、冬季の肉はヒャラにおいて、徐々に乾燥させる。乾燥することによって風味が生まれるという。調査地ではヒャラで乾燥させて生のまま食べるのが好まれていた。

　食肉の貯蔵庫は12月頃に1~2日かけてつくる。天気が良く、新鮮な牛糞が多くとれる日が作業日となる。R家の食肉の貯蔵庫は直方体でもないが、完全な円柱状でもなく、やや四角い円柱形であった。斜面につくられており、地面の傾斜に合わせて斜めにつくられていた。開口部がある前面側は高さが165cmあり、背面の高さは112cmあった。下部から上部にかけて徐々に狭くなっており、下

部の円周は 462cm、中央部分は 350cm、上部は 268cm であった。地面から 80cm のところから 110cm のところまでが扉のある開口部になっている。扉の形は四角形であるが、手作りのため、それぞれの辺が 42cm、30cm、50cm、25cm と少しいびつな形であった。

　肉の貯蔵庫は正確に寸法を測ってつくるわけではなく、地形を利用しながらつくられている。肉の貯蔵庫には扉がつけられており、排泄したばかりの柔らかい牛糞か、または凍結した牛糞に水を加えて柔らかくした粘土状の牛糞を使って成形し、一晩おいて完全に凍結させてから使用する。完成から 2 年が経過した貯蔵庫でも丈夫で、十分に使えるものであった。4年ほど経つと日差しや雨などのダメージを受け、牛糞同士の粘着力も弱くなり、徐々に脆くなってぽろぽろと崩れていく。その頃には、牛糞のなかに含まれている繊維はほとんどなくなり、砂のようになってしまうため、燃やすことができない（**写真 39**）。

写真 39　牛糞で作られた食肉の貯蔵庫（ヒャラ）
（肥沃牧草地 B）

4-1-2　冬越しの仮小屋（ジョカン）

　肥沃牧草地 B での現在の冬の住居は、多くの場合、コンクリートまたは石や、土レンガで作られており、経済的に余裕がない場合は、リーカル（**資料Ⅰ**）と呼ばれる白い帆布でつくられた丈夫で防風性が高いテントで冬を過ごす。遊牧民たちがレンガや石でつくられた家に生活し始めて、まだそれほど歴史は長くない。1990 年頃からだんだんとテント以外の家に住むようになった。彼らはそれまで長い間、ヤクの毛を紡いで織った布でつくられたダナク（**資料Ⅰ**）と呼ば

れる黒いテントで暮らしていた。ダナクのなかでは牛糞炉の火が消えると外気温とほぼ同じ気温のマイナス20℃以下になることも多く、高齢者や子どもたちは牛糞でつくられたジョカンと呼ばれる仮小屋で過ごすことになっていた。彼らは日中はダナクで家族とともに過ごし、夜間は仮小屋で眠る。仮小屋は凍結した牛糞でつくられている。中で火を使用すると牛糞が溶けて小屋が潰れてしまうため、牛糞炉は使用できない。仮小屋内は風が通らないためダナク内ほど寒くはないが、それでも室温は氷点下になる。

　仮小屋を建築する時間帯は、凍結した牛糞と新鮮な牛糞の両方が手に入る早朝に限定される。建築材料は牛糞のみであり、牛糞以外に利用できる建材はない。

　夜が明けると、早朝ヤクの係留場には牛糞がたくさん排泄されている。排泄されて時間が経ったものは完全に凍結しており、排泄されて間もないものはまだ柔らかさを保っている。凍結して硬くなったものはレンガの代わりに利用し、柔らかいものはセメントの代わりに利用される。凍っている牛糞を並べて、その上にセメント代わりの牛糞を塗り、またその上に凍っている牛糞を再度並べる。その作業を繰り返す。仮小屋の建造には1週間から10日程かかる。進捗は天気と当日の牛糞の収集量にも影響される。仮小屋は幅約2m、奥行き2m、高さ1.50mで体積は5~6m³ほどである。身長が高い人は入りにくいが、あまり大きく建てると、歪んだり崩れやすくなったりするため、このサイズが限界だといわれている。

　仮小屋の使用期間は毎年、12月から2月の終わり頃である。使用期間が一番寒い時期に限られているのは、それ以外の時期は気温が上がり日差しが当たると牛糞が溶けて仮小屋がつぶれてしまうからだということである。3月に入って日差しが強くなり、激しい風雪の日が減って気温が少しずつ高くなってくると、仮小屋は徐々に

変形しながら最後には崩れてしまう。崩れた仮小屋の牛糞にはまだ繊維が残っており、春の燃料として使用される。

仮小屋は今ではあまりつくられなくなっているが、2000年代までは使われていたことがわかっている。冬越し用の仮小屋に関して記憶がある年代は一番若い人で27歳の男性で、それ以外では30代、40代、50代、60代の人がみたことや使ったことがある、あるいは他人から話を聞いたことがあるという程度であった。

4-1-3 イヌ小屋（チューラ）と羊小屋（ルーラ）

次に、イヌ小屋と羊小屋について紹介する。チベットの人々にとって、イヌは身近な動物である。春から秋の間は、イヌはヤクの係留場の近くで過ごす。肥沃牧草地Bでは寒い冬の、特に極寒になる夜は、屋外で見張り番をするイヌたちの体温を保つために、牛糞でイヌ小屋をつくり、寒い夜を乗り越えることができるようにしている。

牛糞でつくられるイヌ小屋はチューラと呼ばれ、人によってつくり方や形が違う。壁と屋根があり、低い位置にある小さな開口部からイヌが出入りするようになっている。開口部を大きくすると、冬の夜の風雪が入り込むため、開口部はできるだけ小さくしてある（**写真40**）。

また、肥沃牧草地Bでは産まれたばかりの子羊用のルーラと呼ばれる小屋が冬に牛糞で作られる。床面積が約2~3m²のルーラの高さは80cm程度で、屋根は幅を徐々に狭くした三角屋

写真40　牛糞で作られたイヌ小屋
（チューラ）（肥沃牧草地B）

根の造りになっている。7、8匹の子羊が入れるような空間である。子羊たちが互いに体を密着させて暖を取れるようにするため、狭く造ってある。

4-1-4　家畜用の防風壁（ゾクラ）

　肥沃牧草地Bでは家畜用の防風壁である牛糞垣はゾクラと呼ばれ、2つの機能がある。1つは家畜の防風壁としての機能であり、もう1つは燃料の備蓄形態としての機能である。冬の激しい風雪時にヤクを風から守るために、ヤクの背丈より少し高く造られる。ゾクラの設置場所については、家畜の係留場の周囲に壁のように、係留場をとり囲む形で造られている（**写真6**）。長い冬は雪が多く、地面に拡げて牛糞を乾燥させることができない。また室内にも十分な空間がないため、牛糞は屋外に置く以外の方法がない。大量の牛糞を積み上げて牛糞垣にするのは場所をとらないうえ、冬の乾燥した強い風で牛糞の水分を抜くことができるため、効率的な方法だと考えられている。

　ゾクラは朝食の前に造られる。朝の早い時間帯は排泄されたばかりの牛糞がまだ完全に凍っておらず、土に張り付いていないため拾いやすい。毎日約2時間の作業で1mほどの牛糞垣を造ることが可能である（**図10**）。張は牛糞垣の造り方について、次のように紹介している。

　凍っている大きな牛糞を外側

小さい牛糞

防水用の牛糞

大きい牛糞

図10　ゾクラの構造（肥沃牧草地B）

に積み上げ、なかに小さい牛糞を詰めて埋めていく。凍っている牛糞を用いる理由は、凍っていることで牛糞の形状が歪まないため、積み上げても崩れないからである。既存の牛糞垣に牛糞を継ぎ足して垣を延長していく。（中略）凍っている牛糞垣は歪むことがなく、雨天時の防水のために、排泄されたばかりの新鮮な牛糞を、牛糞垣の表面にセメントの代わりとして塗る。全体的に塗るのではなく、間を空けて塗る。そうすることによって、塗っていない場所にはでこぼこした隙間が生まれる。この隙間に空気が通ることで内側の牛糞も乾燥させることができる。また、空気に触れる表面積も大きくなる［張 2019］。

11月末頃から3月はじめ頃までは継続して牛糞垣を造る。4月に雪解けが始まると、凍結していた牛糞の水分が抜けるため、牛糞垣は自重でわずかに低くなる。古くなった牛糞垣は燃料に使い、また新しい牛糞垣を造る。

特に数十年前はヤクも羊も多かったため、牛糞も羊の糞も十分すぎるほどあり、牛糞垣に使用されなかった牛糞をそのままにしておくと山積みになり、牛糞を置いた地面が砂のような牛糞に覆われて土が悪くなることがあった。そのため、4月になると何人かで力を合わせて山積みの牛糞を崩し、捨てにいっていた。

4-1-5　住宅の補修

肥沃牧草地BのR家では、冬の本拠地であるコンクリート製の住居の傷んだ場所や隙間などに牛糞をモルタルのようにして埋めて補修する。また、壁と波板トタン屋根との隙間を牛糞で埋めて風が入るのを防いでいた。一般的なモルタルはセメントと砂でできているが、牛糞の場合は繊維を多く含むためその繊維が骨材となり、乾

写真 41 牛糞を使った屋根の修繕
（肥沃牧草地 B）

燥すると丈夫になる（**写真41**）。

　家の外壁の古くなった土壁を補修するときにも牛糞を使う。新鮮な牛糞を傷んだ土壁の上に塗りつけて補強する。塗りつけた牛糞が古くなれば、古い牛糞だけを剥がし、再び新しい牛糞を何層にも塗り固めて補修することもできる。牛糞同士は繊維があるのでひとかたまりになるが、土壁には繊維がからまっていないため、剥がすときに土壁まで一緒に剥がしてしまうことはない。剥がした牛糞は燃料として再利用できる。

4-1-6　庭の塀のかさ上げ

　都市近郊農村 C では、家を建てるときに庭の塀を高くすると材料費がかかるため、4分の3程度の高さまではレンガや石、セメントなどの建築材料を使用し、残りの4分の1は加工牛糞で代用して塀のかさ上げをしている。

写真 42 牛糞を使った塀のかさ上げ
（都市近郊農村 C）

塀を高くすることでプライバシーを守ると同時に、積み上げた加工牛糞の隙間から、外の様子を窺うこともできる。そのほかにも、加工牛糞の収納場所としての役目も兼ねている（**写真42**）。

4-1-7 荷物を背に担ぐときの仮置き台

　2013 年に乾燥高冷地 A と似た環境の別の地域で観察した事例では、牛糞を使って、重い荷物を背中に担ぐときに一時的に荷物を置く台（仮置き台）を作っていた。行政単位が県以下の地域ではほとんど水道がないため、農村部または牧畜民達の生活用水は水源地まで汲みにいかなければならない。水を汲む仕事は毎日の重要な仕事であり、多くの場合は女性がその役割を担っている。水汲みには専用の水タンクがあり、それを背負い、家から数百 m から 1km ほど離れた水源地へ行く。水を入れた水タンクは非常に重く、重いものでは 35kg 以上もあり、背中に担ぐときに地面に置いた水タンクを 1 人で一気に持ちあげることは難しい。そのため、一度高さ 40cm ほどの牛糞でできた仮置き台にタンクを置き、それから背中に担いで立ち上がる。そのための台を水源地の近くに牛糞でつくってある。牛糞は一度乾燥すると、雨や少々水に濡れたくらいでは中まで水が浸透せず、何年も崩れない。崩れた場合にも、牛糞で簡単に補修することができる。

4-1-8 魔除けを壁につける接着剤としての利用

　近代都市 D の近郊にある都市近郊農村 C の環境に類似した村では、家の扉の中央の上部に牛糞を接着剤にして 4 つの石が貼り付けられていることがあった。石は白い石 2 つと黒い石 2 つである。白い石は縁起が良く、黒い石は縁起が悪いとされている。黒い石は縦、白い石は横に並べて貼り、黒い石同士を結んだ線と白い石同士を結んだ線で十字を作るようにして貼り付ける。これは悪霊、穢れたものなどの悪いものを家に入れないようにする魔除けである。縦に並べた 2 つの黒い石は直進、横に並べた 2 つの白い石が左折右折を意味する。つまり、この魔除けは、直進方向に進むと悪いことが起き、

写真43　門に貼る魔除けの石を接着するための牛糞（都市近郊農村Cの環境に類似する村）

左右に行くと良いことが起きるということを示しており、悪いものが門に向かってきたときに直進を避けて左右に誘導されるようにという意味を持っている。

　この魔除けは、家に死者が出た場合には、遺体が鳥葬場に向けて出発する直前に貼られる。あるいは連続して不幸なことがあった場合は、不吉だと感じたときに貼られる。病人が出た場合にもこの魔除けが貼られるが、この家への訪問は遠慮した方が良いという注意喚起の目印も兼ねている。また、同じ村で死者が出た場合、鳥葬場に向かう通り道沿いにある家は、当日遺体が通る前に必ず魔除けを貼るが、通り道から離れた家の場合は、貼っても貼らなくても良いとされている。

　その魔除けは、自然に落ちるか、そうでなければ1年以上経ってから剥がすことができるとされているが、1年経っても自然に落ちるまで剥がさない家もある（**写真43**）。

4-2　おもちゃの材料としての利用

　遊牧民にとって身近な素材である牛糞は、子どもたちにとっても親しみ深い素材であり、そのままおもちゃとして使われるほか、加工して遊びの道具となることもある。

4-2-1　ごっこ遊び

　肥沃牧草地BのR家の三女（11歳）と四女（5歳）が2人でまま

ごとをして遊んでいたとき、背
中に小さな牛糞のかけらをのせ
て歩いていた。母親が牛糞を拾
うのを真似しながら、背中の牛
糞を落とさないようにしてどれ
だけ歩けるかを競って遊んでい
るようである。この事例では、
牛糞は形態の加工がされておら
ず、別のものに見立てられるこ

写真44　R家の娘が牛糞で作った自分の家族に
見立てた人形（肥沃牧草地B）

ともなく、牛糞そのものとして遊びに取り入れられていた。

　次に、R家の四女が、牛糞と土を混ぜたもので団子を作り、2つ
の団子を積み重ねて胴体と頭にして、家族の人形を作ってままごと
をしていた。これは、子どもたち自身の手による粘土のような造形
の素材として牛糞が使われている事例である（**写真44**）。

　同じくR家の四女が、石や廃材を使って家を再現して遊んでい
たときの事例について述べる。大きい石を大きいヤク、小さい石を
子ヤクに見立ててヤクの行列をつくり、空き缶を牛糞炉に見立てて
いた。そして牛糞に見立てた石を並べ、プラスチックの棒で囲いを
作り、牛糞を守っていた。これは、牛糞は使われていなかったが石
を牛糞に見立てて遊びに取り入れている事例である。このように子
供にとっても牛糞は暮らしの中で欠かせないアイテムとして認識さ
れていることがわかる。

　大人が子どもたちによく与えるおもちゃに牛糞でヤクやウマの形
をつくり、鼻輪の部分に穴をあけて紐を通したものがある。子ども
たちはこの紐のついたヤクやウマの人形を引いて歩いて遊ぶ。その
ほかにも、牛糞でヤクの形をつくり、ぶつけてどちらのヤクが強い

かを競う闘牛のような遊びをしていた。このような遊びのなかで、素材としての牛糞について学んでいくことができる。

4-2-2　遊び道具をつくる

　青海省久治県出身の牧畜民映画監督の兰則が撮ったドキュメンタリー映画「牛糞」のなかで、冬の間、牧畜民の子どもたちが牛糞でソリをつくって、凍結している斜面を滑って遊ぶ風景が紹介されている［兰則 2010］。肥沃牧草地 B の子どもたちにとって牧場は遊び場である。冬になると子どもたちは凍っている牛糞を水で解かしたり、排泄したばかりの牛糞も利用して、家の周辺の斜面に塗っておく。その牛糞が凍ると、牛糞滑り台が完成する。滑り台をつくる最中、誰が一番速いか作業のスピードを競いながらつくる様子もみられ、この作業自体が遊びであることがうかがえる。牛糞を使って遊び道具をつくるという点では、人形やソリをつくることと同じであるが、大がかりに共同で作業されるところがこの遊びの特徴といえる。そしてこの事例は、冬の寒い時期に成型した牛糞が凍って硬くなることを利用したものである。建材としての利用のところでも述べたように、成型して凍った牛糞は乾燥したセメントのように硬い。このような遊びのなかで、子どもたちが牛糞を身近な素材として活用し、その特性を学んでいる様子がわかる。

4-3　灰の利用

　牧畜民の生活に欠かせない牛糞燃料からは大量の灰が発生する。燃焼した灰は生活ゴミとして捨てられるのではなく生活のなかで再利用されることが多い。この節では、灰を利用する事例をみていく。

4-3-1　薬としての利用

　肥沃牧草地 B では、ヤクや羊の肉などの脂肪分の多い肉を食べて消化不良になったときに、牛糞の灰をお湯に混ぜて飲むことがある。牛糞の灰が脂分を吸収して胃もたれを防ぐことができると考えられており、灰をそのまま飲む人もいる。60 代以上の年配者の中には、このような治療のために牛糞の灰を薬として飲む人もいる。

　また、家畜の消炎剤としてもよく利用される。家畜の目に炎症が起こると、薬局で売っている消炎剤を飲ませると同時に牛糞の灰を目に塗る。兰则の映像にも同じような様子が記録されている［兰则 2010］。

　そのほか、殺虫効果を期待して畑に灰を撒いたりすることもあるという。そして、殺菌効果のためにヤクの係留場に灰を撒いたり、係留場に灰を撒くことで、断熱効果と地面の凍結を防ぐ効果も期待している。また冬の間、凍結している路面に灰を撒くことで滑りを防止するために役立てることもある。

4-3-2　調理への灰の利用

　チベットの人々がゴレと呼ばれる小麦粉を練った円形のパンのようなものを作る際に、ゴレを火の消えた牛糞の灰に埋めて余熱で温めることがある。特に客に出すときに牛糞の灰に埋めて表面を香ばしくしてから勧める。彼らにとって牛糞は汚いものではないため、牛糞の灰に埋めたゴレを食べることに対しても全く抵抗がない。

4-3-3　生理用品としての灰の利用

　1980 年代頃までは、チベット高原では現在のように工業的に生産された生理用品が手に入らなかったはずである。そこで、以前は女性たちがどのような方法で月経に対処していたのか、またどのよ

うな生理用品を使っていたのかを調査した。

　筆者の2017年の聞き取り調査では、ラサに在住する80代の元牧畜民の女性の話によると、彼女が若い頃は、月経というのは自然のものだから特別に何かするわけではなく、そのままにしていたということであった。牧畜民はチュルパ（チュバ）と呼ばれる内側が毛で外側が皮のムートンのような羊のコートを着ているが、厚みがあるので、経血は外に染み出さず、外からはわからないという。経血がついていても自然に乾燥するので問題はなく、経血は乾いたら少し払い落としたりするくらいで特別な処理はしていなかったそうである。しかし女性としては外に出かけるときはちょっと恥ずかしいので、人に見られないように少し意識はしていたそうである。

　同じくラサに住む60代女性の話によると、昔は月経期間中の女性は経血で床などが汚れるため、お寺や仏間などには入れなかったという。当時は月経期間中にモドと呼ばれるスカートのような生理用の服を着用していたという。このモドに経血が付着するようになっていて、座ったところなどが経血で汚れるのを防いでいたそうである。生理用ナプキンは衛生上と経血が漏れない目的だが、モドは衛生上というよりも座った時に経血で汚すのを防ぐのが目的だったそうである。今は生理用ナプキンが入ってきたのでモドは使っていないが、少なくとも1970年代までは使っており、一部の人は1980年代まで使っていたと思うということであった。

　また、ラサ在住の50代会社員の女性の話によると、彼女の若い頃は月経用巾着を使っていたそうである。月経用巾着は幅が5cmで長さは45cmほどの細長い巾着袋の中に牛糞の灰を入れたものを使用していたという。これを腰の後ろからふんどしのような形で巾着の紐で装着して経血を灰に吸わせるのである（**写真45**）。巾着の布地は裕福な家では綿やシルクが多いそうである。また色は赤のも

のが多いようである。牛糞 の灰は月経期間が終わった ら捨てて巾着は干す。次の 月経期間のときに新しい灰 を入れて使う。そのような 月経用巾着は少なくとも 1980年代の終わりごろまで は使っていたということで あった。

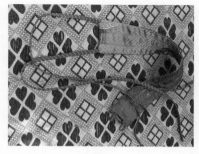

写真45　数十年前まで女性が生理用につかっていた
牛糞の灰を入れるための巾着（近代都市D）

　また、同じく2017年の 牧畜地域の調査では、肥沃牧草地Bの60代の医療従事者の聞き取り調査で、数十年前までは牧畜民の女性は月経期間中、枕より一回りほど大きい布製の袋に牛糞の灰を入れ、必要なときにこの袋の上に座り、経血を吸い込ませていた。袋の中の牛糞の灰は毎回交換するわけではないという。そして袋に灰を入れて月経期間中に使用するのは数十年前のことだと強調していた。彼女は、その頃は今と比べると婦人病は少なかったと言い、牛糞の灰にはそのような効果があるのではないかという意見であった。

　同じように、牛糞の灰の吸水性を生かした利用法として、星らが「乾燥糞を燃やした灰を布袋に入れて赤ちゃんのお尻に当て、尿を吸わせてお尻の乾燥を保つ。石炭を燃やした灰は使用しない」という事例を報告している［星ら2020: 277］。

　そのほかにも、乳幼児の大便を片付けるときに、大便の上に牛糞の灰を撒いてから回収する様子が観察された。灰の吸水効果により掃除がしやすくなるという。また、トイレの排泄物にも牛糞の灰を撒いている様子がしばしば観察された。

　牛糞の灰の消臭効果について、張は以下のように紹介している。

「ガスコンロが普及する前のラサなどの街に住む住民は、牛糞を燃料として使用し、燃やした後の牛糞の灰をトイレに撒いていたのだが、ゴミとして廃棄するという目的のほかに、トイレの消臭効果も期待して行うのである」［张 2013］。

第5章　牛糞の象徴的な利用

　牛糞の象徴的な利用について張は、チベットでの引越しや結婚式、葬儀の中での利用と、グトゥクと呼ばれる団子汁のような新年の料理を取り上げている。1袋の牛糞と樽1杯の水は、引越しの際には、新居での生活が豊かで安定して幸せになることを意味し、結婚式で特定の位置に牛糞と水を設置することは、新婚夫婦のこれからの幸せな生活と家の繁栄を象徴しているという［張 2013］。

　この章では、牛糞の象徴的利用について、調査地で観察できたものと聞き取り調査によるものを中心に事例を描出する。儀礼の手順のうち、牛糞と関連の薄いものは巻末の資料にまとめた。

5-1　縁起をかつぐための牛糞

　チベットでは、縁起をかつぐ行為の際に牛糞を利用する。チベットの人々にとって、煙は神への捧げ物であり、煙により浄化するという考え方がある。牛糞は安定的に燃える燃料として香木を燃やすときに用いられるが、それだけではなく、牛糞を燃やすこと自体が縁起の良い行いとされる。

5-1-1　サンを焚く

　サンは「不浄を払い清浄にする」という意味があり、いろいろな行事に欠かせない存在である。日本でいう護摩のようなものである。サンを焚くときには、サンコンと呼ばれる専用の炉が使われる。サンコンの中で燃料の牛糞を燃やし、その上に香木をくべて煙が出る

ようにする。サンコンの大きさは巨大な寺院であれば直径10m以上にもなり、一般的なサイズでも両手を広げたほどの大きさである。近年では直径12cm以下で机に置けるサイズになっているものもある。炉を使わず祭壇を作り、祭壇にサンを焚く地域もある。

　チベット人の人類学者である南太加は青海省のゼコ県のサンを焚く儀式を以下のように紹介している。

　　　またチベットでは、神々、特に土着の神々を祀る民間信仰が行われており、サン（bsang）という焚き上げる儀式が毎日少なくとも2回は行われている。サンを焚く壇はヤクの糞で作られているほか、火をつけるための材料としてヤクの糞（サンの場合はヤク糞以外の畜糞は利用しない）を利用する［南太加　2018: 106］。

　チベット伝統文化研究者である华锐・东智は甘粛省のラプラン（拉卜楞）地域のサンを焚く習慣について、以下のように紹介している。

　　　サンを焚く時間帯は早朝が一番良いとされている。各家でサンを焚く日は異なり、チベット暦の毎月の1日、8日、15日、または宗教の節、祭りの日、お祝いの日などに焚かれる。自宅の庭や、山の上などの高所、寺のサンコンで香木を燃やし煙を天へ届けて、香りで神を喜ばせるといわれている。結婚式、葬式、遠方へ行く前、病気の治療の祈願、祈福など、さまざまな場合にサンを焚く儀式が行われる［华锐・东智 2011: 83］。

　このようにして、冠婚葬祭だけでなく、大事なことを始める前にサンを焚くのである。

乾燥高冷地 A では、牛糞を手に入れにくいため、牛糞が燃料以外に用いられることはめったにない。しかし、G 家では家の後ろに張ってあるチベット仏教の 5 色の布製の祈祷旗であるタルチョーを張り替える前にはサンを焚いていた。タルチョーの下にある石の上で牛糞を燃やし、牛糞の上にピーと呼ばれる粉末の香を焚いて煙を上げ、米を撒いていた。煙は穢れを清める作用があり、新しいタルチョーのために、その場を浄化する意味で行っている。この地域では燃料の牛糞はいつも不足しており、このときに使った牛糞もひと切れだけであった。

　肥沃牧草地 B では、チベット暦の 1 月 1 日（調査時の西暦 2017 年は 1 月 31 日）の朝食前に、祭壇の上で牛糞と香りの良い木の枝を焚いていた。R 家のサンを焚く祭壇は石とレンガとコンクリートブロックでつくられている。この祭壇は幅が約 100cm、奥行き 120cm、高さ 35cm ほどの大きさである。サンは長男の家で焚かれることが多く、儀礼には男性のみが参加する。参加者は祭壇の周囲を時計回りに歩いて読経しながら、手に持っている食べ物を火の中に投じる。食べ物は、乳、バター、ハダカ麦、チュラ、ネーチャン、砂糖、小麦粉、ゴマル、麦こがし、レンガ茶である。ネーチャンとは、ハダカ麦で作られた酒である。食べ物ではないが、カタと呼ばれる薄絹も火の中に入れられる。このとき、肉と骨、プラスチック製品を燃やすことは禁忌である。30 分から 1 時間かけて、少しずつ火に投げ入れながらこの新年の儀礼を続ける。読経は年長者を中心に行われ、読経する回数やまわる回数などは開始する前に参加者で決める。R 家の場合は R の父が中心で、長男、次男というように年齢の順に並んで歩く。この行事では家族の平安と健康および新年の祝福が祈られる。サンを焚くときには、煙が天まで届くと神がその煙を受け取るとされ、なるべく煙が多いほうが神に喜ばれるといわれている。

このとき、サンを焚く引火剤として必ず牛糞を使う。

　近代都市Dでは日が落ちるまでにサンを焚くのを終わらせないといけないとされている、一方、肥沃牧草地Bでは、ある飲食店の前で日が落ちてから、金だらいのなかで3~5個の牛糞を適当に積み重ねて燃やし、その上に麦こがし、干しぶどう、ナツメ、クルミ、干しリュウガンなどをのせて焚いているのを目にした。店主にたずねると、この煙は神に差し上げる物で、商売繁盛の願いを込めていると答えたことから、これもサンを焚く習慣のひとつであると考えられる。

5-1-2　火入れ儀礼

　火入れ儀礼を観察できたのは、主に都市近郊農村Cと近代都市Dである。

　新しい牛糞炉を使い始めるときには火入れ儀礼を行う。また飲食店の開店式や引越しの際にも必ず加工されていない天然牛糞を使って同様の火入れ儀礼を行う。手順は地域によって違い、都市部では伝統的な手順を気にしない人も増えているという。多くの場合に共通するのは、家の門や玄関先、台所などに水と牛糞を**写真46**のように置くということである。この牛糞は吉祥の飾りであるため、儀礼で燃やす牛糞とは別で、すぐには燃やさない。

　炉の火入れ儀礼の手順は、地域ごとに異なる。地域ごとの火入れ儀礼の手順の例を**表10**から**表12**に示す。牛糞炉の投入口から天然牛糞を入れ、

写真46　茶房の開店式に設置する水と牛糞
（都市近郊農村C）

表 10　火入れ儀礼の手順（都市近郊農村 C）

---

1. 牛糞炉の牛糞投入口から牛糞を入れて、決まった形に置く
2. 炉の牛糞投入口部分の上段にバターを三箇所つける
3. 炉の牛糞投入口部分に薄絹をかける
4. 炉の牛糞投入口から牛糞に点火する
5. 薄絹を取り外す

※通常の牛糞炉の使用時には、牛糞の投入や点火は上部のコンロ部分の開口部から行うが、火入れ儀礼では正式の牛糞投入口から行う。点火の際は、ライターではなくマッチを使う。これは、高地では酸素が薄く気圧の関係で火が付きにくいからである。マッチのほうが伝統的であると言う説もある。

表 11　都市近郊農村 C と似た環境にある別の県での火入れ儀礼

---

1. 牛糞炉の牛糞投入口から牛糞を入れて、決まった形に置く
2. 炉の牛糞投入口の上段にバターを三箇所つける
3. 炉の牛糞投入口に薄絹をかける
4. 煙突に麦こがしをつける
5. 炉の牛糞投入口から牛糞に点火する

※麦こがしのつけ方は、右手の人差し指と親指で麦こがしをつまみ、親指で煙突に 3 回押し付ける。

表 12　都市近郊農村 C と似た環境にある別の市での火入れ儀礼

---

1. 牛糞炉の牛糞投入口から牛糞を入れて、決められた形に置く
2. 炉の牛糞投入口の上段にバターを三箇所つける
3. 炉の牛糞投入口に薄絹をかける
4. 牛糞炉の表面の、手が届くところ全てに麦こがしをつける
5. ハダカ麦酒を酒器に入れて、右の薬指にハダカ麦酒を少しつけ、親指と一緒に酒を上空にはじく、4 回はじき、天と地と神と牛糞炉へハダカ麦酒を捧げる
6. 炉の牛糞投入口から牛糞に点火する

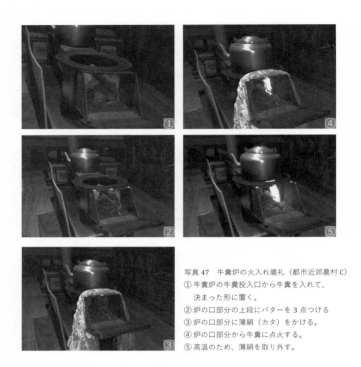

写真47　牛糞炉の火入れ儀礼（都市近郊農村 C）
① 牛糞炉の牛糞投入口から牛糞を入れて、
　 決まった形に置く。
② 炉の口部分の上段にバターを3点つける
③ 炉の口部分に薄絹（カタ）をかける。
④ 炉の口部分から牛糞に点火する。
⑤ 高温のため、薄絹を取り外す。

決められた形に配置するが、これは地域によって異なる形式も存
在する。牛糞炉にバターをつけ、薄絹をかけ、あるいは麦こがし
をつけることで吉祥の意味を表す。点火にはライターではなくマッ
チが用いられるが、これは高地であるチベットでは気圧の関係
でライターの火が点きにくいという理由だけではなく、ライター
は伝統的なものではないと考えられているからでもある。またこ
れらの手順は、全て両手で行われなければならず、片手で行うこ
とは軽率なふるまいとされる（**写真47**）。
　火入れ儀礼での牛糞炉内の牛糞の置き方は、地域によって異な

写真 48　火入れ儀礼をする際に牛糞炉に入れる牛糞の置き方　その1
①下側が雌、上の2つが雄の牛糞。交尾のイメージ。
②①に点火しやすいように細かい牛糞を入れたもの。
③下側が雌、上側が雄の牛糞。真ん中に細かい牛糞。

っている。写真は説明のために牛糞炉の外に牛糞を例示したもので
あるが、本来は牛糞炉の中に配置する。**写真48**に示すように、下
に雌ヤクの糞を置き、その上に雄ヤクの糞を2つ、もたれかけるよ
うに置く。この際に使用する牛糞は、排泄され落下したときに接地
していた面を内側にして横からみて三角形を形作るように置く
（①）。そして三角形の中央部分に着火用の細かい牛糞を置き、点火
する（②）。また、2枚の牛糞で、口を開いた2枚貝のように配置す
る場合もある（③）。この場合も同様に、下の牛糞は接地していた
面を上向きにした雌ヤクの糞で、上の牛糞は接地面を下に向けた雄
ヤクの糞である。雌ヤクの糞の上に細かい牛糞を置いて点火する。
これらの配置はヤクの交尾の様子を模しているといわれている。
　また、**写真49**のように、下には接地面を上向きにした雌ヤクの

129

写真 49　火入れ儀礼をする際に牛糞炉に入れる牛糞の置き方　その 2
① 底の牛糞は雌の糞。底がない場合もある。糞が地面に落下したとき、地面に付いて
　 いた方が上側になる。
② ～ ④ 地面に付いていた方を内側にして時計回りに牛糞を置いていく。
⑤ 引火しやすいように細かい糞を入れる。
⑥ 中の細かい牛糞に点火した後、地面に付いていた方を下側にして雄の糞で蓋をする。

糞を置き、その周囲に4枚の雌ヤク糞を時計回りに四角形に配置して、中に細かい牛糞を入れて点火する。点火してから、雄ヤクの糞を接地面を下向きにして蓋のようにかける。このように、火入れでのヤクの交尾を模した牛糞の配置は、牛糞炉に新しい火が生まれることを生命の誕生に見立てているからだと考えられる。

5-1-2-1　飲食店の開店

近代都市Dとその周辺の地域や都市近郊農村Cの料理店や茶房などの飲食店では、開店の際に台所や店の入口に牛糞と水を飾った後、牛糞炉の火入れ儀礼を行う。

都市近郊農村Cでの茶房の開店当日は、以下のような流れであった（**表13**）。まず、店主が店の鍵を開け、水と牛糞を台所あるいは店の門の付近に設置する（**写真46**）。台所または入口に置かれた水の容器の口の3ヶ所と、その横に置かれた牛糞の上から3枚に1個ずつバターを付ける。あるいは一番上の牛糞に3ヶ所、バターをつける。そして、水と牛糞には薄絹がかけられる。これは吉祥と神聖さを表している。水と牛糞は、地域によって置き方が異なる。

都市近郊農村Cでの一般的な置き方は、台所の入口から入ってすぐ左側に水と牛糞を並べて置く。並べる際に水は左、牛糞は右になるように置く。門の付近に設置する場合は門を中心に、水を門の左に、牛糞を門の右に設置する。都市近郊農村Cと似ている別の地域では牛糞を台所の中央柱

表13　開店式の手順（都市近郊農村C）

1. 店主が店の扉を開ける
2. 水と牛糞を台所または店の入口のところに設置する
3. 牛糞炉の火入れ儀礼を行う
4. 牛糞炉の上でお湯を沸かす
5. 店員が飲むバター茶を作る
6. 客がよく注文する甘いミルクティーを作って、保温状態にする
7. 親友及び常連客がお祝いに来る

※ 2～3の手順は店の新規開店のみならず、店をリフォームした場合や牛糞炉を新しいものにした場合にも行われる。
※火入れ儀礼の時間はラマの占いによって決められている。

に寄せて立てかけ、水は牛糞炉の隣に置いていた。近代都市Dとその周辺地域では目立つように水と牛糞を店の入口のところに設置する場合もある。

そして、ラマに占ってもらった時間に点炉し、火入れ儀礼を行う。牛糞炉に点火することで開店したという意味になる。その火でお湯を沸かし、まずは店員が飲むバター茶を作る。次に客がよく注文する甘いミルクティーを大量に作り、牛糞炉で保温する。その後、店主に贈る薄絹と祝儀を持って賓客がやってくる。

最近は、水と牛糞さえ設置すればそれで良いと考える人や、正しい置き場所などの細かいことは気にしない人も増えてきており、このような伝統的な作法を知る若者が減っていく一方だと嘆く人もいた。

5-1-2-2　その他の火入れ儀礼

飲食店の開店で火入れ儀礼を行う以外に、牛糞炉を買い換えた場合には、店舗や個人の家でも、牛糞炉に必ず火入れ儀礼を行う。次節で述べる、引越しの際にも牛糞炉の火入れ儀礼を行っていた。この場合でも、水と牛糞を飾ること、ラマに占ってもらった時間に決まった手順で火をつけること、さらに天然牛糞が用いられるということが共通している。

5-1-3　牛糞を飾る

近代都市Dでみた事例では、高級チベット式料理店をオープンするとき、店の扉の両脇に天然牛糞をびっしりと積み上げ、薄絹を巻いたものを門松のように飾っていた。このような飾りは吉祥なものであるといわれていた（**写真50**）。繁盛している料理店は燃料として多くの牛糞が必要となることから、多くの牛糞を店頭に飾ることは商売繁盛を意味し、たくさんのお客を招く縁起担ぎになるとさ

れている。店頭に牛糞を飾る
ことは比較的最近の習慣で、
2010年前後から流行りだし
たものである。

　また、店に入ってすぐのと
ころに見せ掛けの土炉や、積
み重ねた牛糞に薄絹をかけた
ものなどを飾りとして設置す
る店も増えてきている（**写真
16**）。牛糞や土炉の飾りによ

写真50　チベット式料理店の前に飾られた天然牛糞
（近代都市D）

ってチベットの伝統的空間を演出し、この店が本場のチベット料理
店であることをアピールするための純粋な演出目的の装飾である。
このような店では実際の調理にはプロパンガスが使われ、牛糞炉は
ホールでの暖房とお茶の保温のためだけに使われている。

　聞き取りによると、1972年から1982年の10年間、近代都市D
では茶房が20軒弱あり、提供していた食べ物は主にチベット式麺
と甘いミルクティーで、当時はバターが贅沢品だったため、バター
茶を提供する茶房は少なかったという。これらの店はまだ燃料とし
て牛糞を使っており、牛糞は袋に入れて台所に収納していた。収納
できないものは一時的に店の門のところに置くことはあったが、飾
りとして置くことはなかったという。

5-2　人生の節目における牛糞

　チベットでは、出産や結婚、葬儀といった人生の節目となる場面
において必ず牛糞が登場する。この場合も、天然牛糞が使用され、
薄絹を巻いたりバターをつけたりして吉祥の意味が付与される。

5-2-1 出産に関する儀式的利用

　牛糞は出産の際にも用いられる。都市近郊農村Cでみられた事例では、子どもが生まれたらすぐに牛糞を門または家の敷地の入口に設置していた。これはたとえ深夜であってもすぐに設置しなくてはならないとされている。また、牛糞は新鮮な天然牛糞でなくてはならない。牛糞は周囲より高くして目立つように、大きな石の上や高く積んだ石の上に置かれる。台となる石の上にツァマ（*Berberis hemsleyana*［徐 2001: 59］）と呼ばれるトゲのある植物を敷き、その上に牛糞を置く。ツァマは赤い種類と白い種類があるが、赤には魔除けの意味があるため、この場合は赤いツァマを使う。ツァマの上に牛糞を置き、その牛糞の上に石を置く。男の子が生まれた場合には白い石、女の子の場合は紺色または黒い石を置く。男の子の場合は3日間、女の子の場合は2日間設置する（**写真51**）。

　このような印を家の前に設置することで、この家で出産があったことを周囲の人々や親戚に告知する。穢れを持った人が病人のいる家に入ると穢れを持ち込むと考えられており、病気の回復に悪影響があると言われているため、出産した人を病人と同じ様に捉え産後の回復にも悪影響があると考えて、この印がある家には外部の人は入らないようにという注意喚起の意味合いもある。

写真 51　出産の際に門の外に設置する牛糞と石
（都市近郊農村 C）

　出産に関して、華鋭・東智はラプラン（拉卜楞）地域の習俗を紹介している。子どもが生まれたら、家の門の近くにヒノキの枝を挿し、門外に牛糞を燃やし、何枚かの石を積み重ねる。こう

することで、7日間、他人がその家に入ることはできないという意味を表すと述べている［华锐・东智 2011: 213］。

また、チベット人の人類学者尕藏は青海省のS村の生育習慣について紹介している。「S村では、家門の外側にメト（me tho, 火・証）を作る習慣がある。メトは火の上に雑草や乾燥させた家畜の糞を乗せ、産婦や新生児が外出できるようになる日まで煙を出すものである。メトを燃やす目的は、出産したことを知らせることと、悪霊の侵入を防ぐことである。さらに、日没後は家族であっても家に入るときには必ず、メトの上を跨いで入る必要がある」［尕藏 2019: 111］。

同じくチベット人の人類学者チョルテンジャブはチベットアムド地域の生育習慣を紹介している。「外来の客を断るための魔除けとして、産後直ちに家の正面入口の錠前の隙間に、ネズの枝を刺し、正門前の土の上で一日中、羊や牛の糞などを燃料とした火を燃やす。その家と特に関係のない者は、それらをみて出産を知り、訪問を控える。遠方から来た家族や親類縁者でも必ず、家に入る前にその煙火を浴びてから入る」［チョルテンジャブ 2017: 220］。このことから、出産後の厄除けを意識していることがわかる。

以前は出産は穢れという考え方があり、テント内や室内では出産せずに、牛糞倉庫で出産していた。また、冬に出産する場合は、家の外の風下側で出産するか、あるいは牛糞垣の風下で牛糞垣を背もたれにして出産すると、生まれた子どもが丈夫に育つとかつては考えられていた。

5-2-2　結婚式での利用

牛糞は新生活の必需品である。新婚夫婦が独立して生活する際に新居ではじめて行う儀礼は牛糞炉に火を入れることであるため、結

婚式においても牛糞は重要なものとなる。

　肥沃牧草地Bの結婚式（**表14**）では、結婚当日に花嫁と花婿の両家で、太陽が昇る前に門の前でサンを焚く。日が昇り、明るくなってからはもう焚いてはいけないとされている。花嫁の家で焚くサンは、花嫁の兄弟以外の年長の男性親族が焚き、祝福の言葉を語りながらチベット仏教の紙製の5色の祈祷旗であるルンタを撒く。まず牛糞を燃やし、その上に食べ物と薄絹、香木をのせて焚く。このとき、焚くものの順番と量に決まりはないが、牛糞で点火をしなければならない。また、バター、麦こがし、布は葬儀のときに燃やすものであるため、結婚式にはこれら3つのものを燃やすことは禁忌である。

　また、このときに牛糞を含め燃やすすべてのものは前日の夜に準備し、屋外の月の下に置いておかないといけないといわれている。雨の夜ではビニールシートを被せて屋外に置く。30分ほどサンを焚いている間に、花嫁は準備をして花婿の家に向かう。花婿の家でも、日の出前にサンを焚いて紙ルンタを撒いている。そして花嫁が来る前に、門の前に約1m角の白い絨毯を敷いておく。絨毯の上にはハダカ麦で卍形を描く。花嫁が車で花婿の家に到着すると、花嫁は車から降りる際、直接地面には降りず、まずこの白い絨毯の卍形の上に降り立つ（**口絵カラー写真**参照）。ここで祝福を受けてから初めて土を踏み、花婿の家に入る。花婿の家に入ったら、花嫁は実家から着て来た服を花婿の家が用意した服に着替える。これで花婿の家の人になったという証になる。そして、式場となるメインの黒いテント（ダナク）に入る。メインの黒テントでは、上座にラマが座り平安経を唱えている。花嫁と花婿は、膝立ちでラマに正対して、30分くらい平安経を聞いてから、食事をする。

表14 結婚式の手順 肥沃牧草地 B

1. 両家は結婚の前日に翌朝サンを焚く品物と燃料である牛糞を屋外の月の下に置く
2. 日が出る前にサンを焚く。これは花嫁または花婿の家の年長の男性親族が行う
3. 牛糞を着火して、その上に香木、薄絹、食べ物を燃やしてサンを焚き始める
4. サンを焚きながら、祝福のことばを祈り、紙ルンタを撒く
5. 30分後花嫁は着替えなど、出発する準備を行う
6. 花嫁は車に乗り、花婿の家へ向かう
7. 花嫁が花婿の家に着き、卐を踏み、祝福を受け、花嫁の控えテントに入る
8. 花嫁は花婿の家が用意した服に着替える
9. 花嫁はメインテントに入って、ラマが平安経を唱える
10. 30分後、全員で食事をする

表15 結婚式の手順 都市近郊農村 C

1. 花嫁が花婿の家に着く
2. 花婿側の迎え係は祝福の歌を歌う
3. 花嫁は車から出て、卐を書いてある踏み台に立つ
4. 花嫁はシマボウを渡され、種を撒いて、豊作の祈り
5. 花嫁は麦こがしと塩を入れる袋を渡される
6. 花嫁が天、地、神にハダカ麦酒を奉仕
7. 花嫁は踏み台から降りて、花婿の家の土地を踏む
8. 花嫁が姑から牛糞を3枚渡される
9. 花嫁が乳の桶を持たされる
10. 花嫁は家に入る
11. 花嫁は牛糞を台所へ置く
12. 花嫁は花嫁の控え室（仏間）に入る

　2017年に行われた都市近郊農村 C における自宅での結婚式（**表15**）では、庭の入口に水と牛糞を設置していた。水は門の左側に、牛糞は上座とされる右側に置かれている。水と牛糞の上には、薄絹が巻かれている。

　花嫁の乗った車が花婿の家に着くと、花婿側の迎えの係は祝福の歌を歌ってから車のドアを開ける。車のドアの前には膝くらいの高さの低い台が置いてある。この台の上に白い布を敷いて、布の上に

はハダカ麦で卍を描く。この上に薄絹をかけて、花嫁を立たせる。

　チベットでは祝福を込めて、大事な人に贈る薄絹を踏ませることで、花嫁を大事に思っていることを表していると考えられている。花嫁は踏み台の上で豊作を祈る供え物であるシマボウを渡される。シマボウとは、木の箱の中にハダカ麦と麦こがしを半分ずつ盛り、ハダカ麦の穂を立てたものである。穀物がちゃんと育つようにとの願いを込めてそのなかのハダカ麦を取り出し 3 回撒く。そして子安貝で飾られた、麦こがしと塩が入っている袋を渡される。麦こがしと塩は家畜に与えるもので、花嫁の手元で家畜が増えるようにという意味がある。そしてハダカ麦酒を右手の薬指に少量つけてはじく。天と地と神にそれぞれ捧げるために 3 回行う。

　これらの儀式が終わってから、初めて花婿の家の土を踏む。踏み台が境目となっており、踏み台に立っている花嫁はまだ娘で、踏み台から降りて花婿の家の土を踏む瞬間に嫁になるとされる。踏み台から降りると、まずは 3 つの牛糞を姑から渡され、それをバンデンにしまう（**写真 23**）。バンデンとは既婚者が身につける衣装で、家事の際に服を汚れないよう前掛けのように使い、また牧畜民が外出の際に、牛糞を見つけたら拾って入れるためのものである。元来は黒が多かったが、のちに装飾性の高い鮮やかなものとなった。花嫁になった女性が初めてバンデンをつけてその家の土を踏み、牛糞を入れることは、この家の家事の権限を花嫁に譲渡するという意味を表している。また、牛糞は富の象徴であるため、花嫁にこの家の財産の管理を任せるという意味もある。次に、バターで飾られた搾乳の桶を持たせる。搾乳の桶を持つことで、たくさんヤクの乳を搾れるようにという願掛けである。

　踏み台の上でハダカ麦とハダカ麦酒を捧げるのは、穀物と酒は神に捧げるものとされているからであり、踏み台から降りて土を踏ん

で最初に牛糞をバンデンに入れるのは、牛糞が人間の世界では最も大事なものとされているからと考えられる。搾乳の桶より先に牛糞を持たせることからも牛糞の重要度がうかがえる。

花婿の家に入った花嫁はまず台所に先ほど姑から渡された3枚の牛糞を置き、それから仏間に入って、仏間の奥の小さな部屋で儀式の準備を待つ。台所に置いた3枚の牛糞は各家で扱いが異なるが、この家では姑が牛糞炉に入れて使用していた。ほかの家では、家宝として代々儀式などで使ったり、家族が使用したりと様々である。

近代都市Dの近郊にあり、都市近郊農村Cと似た環境にある別の村の結婚式では、式場の入口の門の外に、外から門に向かって右側に薄絹が巻かれた白い石とその近くに同じく薄絹が巻かれた牛糞、左側に黒い石と少し離れて薄絹が巻かれた容器に入った水を設置していた。結婚式に出席する親族以外の最初の客は、式場に入るときに、門のところで黒い石を蹴飛ばしてから入る。黒い石を縁起が悪いものになぞらえ、牛糞や花嫁の控室から離れるように門の外の左の方に蹴飛ばす。これは悪いものを新婚夫婦に近寄らせないという意味がある。この行為はある種の儀式であるため、蹴る動作は大げさに行わなければならない。ほとんどの場合は男性が蹴る。ここでは、都市近郊農村Cのように姑から嫁へ牛糞を渡すという儀式はみられなかった。

次に、近代都市Dの結婚式場で行われた事例について説明する。結婚式は本来3日間行い、結婚式の初日と2日目は午前中にサンを焚くが、最終日は式の終了を意味するために夕方から焚く。最終日のサンは日没までに焚き終わらなければならないとされ、多くの場合、16時から18時までの2時間程度焚いている。肥沃牧草地Bでの結婚式に焚くサンは日の出前に焚き、日が昇ると焚いてはいけないとされていたことを考えると、この禁忌は対照的であることが

わかる。サンを焚き始めると、来客と主催者達はサンコンを中心に輪になる。司会者は新婚夫婦を祝福する歌をうたう。うたい終わるとハダカ麦酒を薬指と親指ではじいて神に捧げる。それから来客と主催者達はそれぞれ麦こがしを空に向かって投げる。そしてそのままサンコンを中心に輪になって踊り、この踊りが終わると結婚式は終わる。屋外でサンを焚いている場合はみなで麦こがしを撒いて踊るが、屋内の狭い場所の場合は踊ることが難しいため、麦こがしを撒くだけで終わることもある。

　サンを焚きはじめる時間やサンコンの場所、サンを焚く人の立つ位置などはすべてラマの占いによって決める。以前は土の地面の上で直にサンを焚いていたが、現在ではコンクリートの地面が汚れるため、式場に設置されたサンコンを使ってサンを焚く。固定のサンコンの位置が占いの結果と合わない場合は移動式のサンコンを使ってサンを焚く位置を変更することになる。

　またこのとき、庭の中央の目立つ場所には祭壇のような机があり、机の正面から見て右側には牛糞袋が置かれている（**写真52**）。牛糞袋のなかには牛糞がぎっしり詰められている。牛糞袋の中の一番上には3枚重ねた牛糞が置いてあり、その牛糞の上にバターが3つつけてある。3枚の牛糞それぞれにひとつづつバターがつけてある場合もある。

　下記で述べる高校進学祝いの宴会でも同様だが、このような祝いの宴席で設置されている牛糞袋のなかに入っている牛糞はジョテーブ、すなわち加工牛糞である。都市部の

写真52　結婚式場に飾られた牛糞（右の白い袋）
（近代都市D）

式場では、初期の頃は天然牛糞で形の良い物を使っていたが、近年では天然牛糞が入手困難となってきたため、上部の目につくところだけ形の良い天然牛糞を使い、下の方のみえない部分はあまり形の良くないものも使うようになった。さらに天然牛糞が入手困難となったことで、下の部分にジョテープのような加工牛糞を使用し、上の方のみえるところだけに天然牛糞を使うようになった。近年では、上の3枚にも加工牛糞を使用することもある。

　都市部から地方の牧畜地域に帰省や仕事で行くことがあると、道すがら形が良い牛糞を見つけたら拾って持ち帰る人もおり、友人同士で貸し借りすることもある。また、牛糞を持っていない家庭の場合、牛糞を式場で借りることもある。貸し出された牛糞の場合は、せめて上の3枚だけはできるだけ自分の家の天然牛糞を使用することを推奨されるが、自分の家に牛糞が全くない場合は全て式場が貸し出す牛糞を使用することもある。このようなお祝いの場面での牛糞は幸運をもたらす縁起物とされているため、本来ならお祝いの式場から自宅に持ち帰ることが望ましいが、近年ではそれができない場合も増えている。

5-2-3　引越しでの利用

　次に、引越しの際の牛糞の利用について述べる。

　陈らは、ラサでは新居が完成し、ラマの占いによって正式に引越しの日時が決まったら、その日の前日または当日の早朝、家主は1袋に5~8枚ほど入った牛

写真 53　引越しの際に家に迎え入れるダントンジャブの像（近代都市 D）

糞とバケツ1杯の水、茶葉、塩と重曹などを入れたすり鉢、タントンジャブ（唐東傑布）の像（**写真53**）、シマボウをまず新居に搬入すると述べている。また、これらすべてのものには吉祥の意味を示すためにそれぞれ薄絹が巻いてある。この時使用する牛糞には決まりがあり、前年の糞であること、夏の間に強い日差しに照らされ白くなっていること、そして変形や破損のない天然の牛糞を選ばなくてはならない。新居に搬入したら、できるだけ急いで炉の神への祭祀の行事を行うと紹介している［陈ら 2010: 132-133］。以上のように引越しの作業の後、火入れ儀礼を行う。

　都市近郊農村Cでは、引越しの際に、まずタントンジャブと呼ばれる、明の時代の有名な建築士の像を新居に持って行き、神棚のような高い所にある棚に置く。それから薄絹に包んでバターをつけた天然牛糞を一枚両手で持って入り、その一枚の天然牛糞を適切なところに置く（**写真54**）。

　この一枚の天然牛糞にバターをつけて薄絹で巻き、新居に持って入って適切な場所に置くまで、この一枚の天然牛糞を持つ人は作業の間中ずっと、縁起の良いこと、たとえば家族が健康であること、願いが叶うこと、ヤクや羊が繁栄することなどを唱えて願掛けをす

写真54　引越しの際に新居へ持っていく
牛糞（都市近郊農村C）

写真55　引越しの際に新居の前に飾る水と牛糞
（都市近郊農村C）

表16　引っ越しの手順（都市近郊農村 C）

1. 唐東傑布（タントンジャブ）を新しい居住地の部屋に持っていき、棚（神棚のような高い棚）に飾る
2. 薄絹で包み、バターをつけた天然牛糞を新しい居住地の部屋に持って入る
3. 台所に牛糞炉を搬入して、台所に牛糞と水を設置する
4. 牛糞炉に火入れ儀礼を行う
5. 家具を搬入

※台所に牛糞と水を設置するのではなく家に入る門の左に水、右に牛糞を設置する家もある。火入れを行う時間はラマに占ってもらい決める。また、人によっては全てのことをラマに占ってもらい火入れのみでなく、引っ越しの日にちや時間などを決める。

る。新居でこの一枚の天然牛糞を一旦家のどこかに置いたら普段はあまり触らないようにする。少なくとも形が崩れるようになるまでそのまま設置しておく。屋外に置いている牛糞は2、3年でぼろぼろになって風化してしまうが、室内に置いている場合はなかなか風化しない。新たな家具を設置する場合にこの一枚の天然牛糞の設置場所を移動することもあるが、普段の燃料として燃やしたり捨てたりはしない。この一枚の天然牛糞は次に引越しするときや、家族の行事などで再度使用される。

　この一枚の天然牛糞を設置したあとは、台所に牛糞炉を搬入し、先ほどの一枚の天然牛糞とは別に、たくさんの牛糞が入った袋を台所の中央に置く。更に、その左に水を置く。牛糞の袋には薄絹を巻き、上の3枚の牛糞にバターをつける。水のタンクにも薄絹を巻いて、注ぎ口の上部分に3ヶ所バターをつける。また、そのような水と牛糞の袋を台所ではなく家の正面に設置する家もある。その際は門を中心に、左に水、右の上座に牛糞の袋を置く（写真55）。そして牛糞炉で火入れ儀礼をおこなう。引越しの際、一番重要なのは牛糞炉の火入れ儀礼の時間と手順であるとされ、吉凶をあまり気にしない人でも、火入れ儀礼の時間だけは必ずラマに占ってもらう。火入れ儀礼が終わった後の家具などを搬入する時間に決まりはない

（**表 16**）。

　特に用心深い人は引越しの日にちだけでなく、タントンジャブを持って新居に入る時間、重要な一枚の天然牛糞を持って入る時間、置く場所、持つ人の干支など細かなことまでラマの占いに従って行う。多くの地域では女性が新居にこの重要な一枚の天然牛糞を持って入るが、性別を問わない地域もある。都市近郊農村 C の J 家がいる村では必ず女性でなければならなかった。

　近代都市 D の引越しでも、都市近郊農村 C とほとんど同じ儀礼を行う。水と牛糞を設置する場所は家の構造によって異なる。基本的に、水と牛糞は牛糞炉に向かって右側に牛糞、左側に水を設置する。もしくは家の正面入口に、門を中心に左に水を、右に牛糞を設置する。

　近代都市 D の引越しは新居の牛糞炉の火入れ儀礼が終われば、家具の搬入はまだ後日になっても大丈夫とされている。家具の搬入が終わると、その日から正式に新居で住むことになり、必ず新居で食事をする。ほとんどの場合は、トゥボポデゥと呼ばれる団子汁を食べる。牛糞炉に牛糞を燃やして、団子汁を調理する。炊事用にガスや電気を利用していても、初めての調理をする前には牛糞炉の牛糞に点火し、新居で火を起こし、新しい生活が始まったことを意味する儀礼を行う。近年では、牛糞炉を生活用具として使わない家でも新居で初めて調理する前には、まず金属の容器に牛糞を入れて点火する。また、引越しの際に手伝いに来る友人が多い場合は家具の搬入が終わると外食をすることもあるが、その場合もまずは新居で牛糞を燃やしてから店に移動して食事をする。特に牧畜地域から都市に引越してきた牧畜民たちは、新居に入居する初日に必ず牛糞を燃やす。「新居での生活はまず牛糞を燃やすことから」とチベット人は考えているようだ。

表 17　葬式の手順（肥沃牧草地 B）

1．人が亡くなり、ラマを呼ぶ
2．ラマが来たら、門の外で牛糞を燃やし、その上にツァスルと布を焚く
3．亡くなってから毎日、49 日間お経を読む
4．ラマは経を読みながら、鳥葬の日を占う
5．毎朝、読経を行うラマは牛糞にツァスルと布をのせて焚く
6．鳥葬の日に、経を読みながら、死者の手足を曲げて胎児のように包む
7．鳥葬場へ送る

※ラマは毎日読経が終わったら寺に帰るが、寺が遠い場合は喪主の家に泊まる。

5-2-4　葬儀での利用

　調査期間中に葬儀に参加する機会が得られなかったため、葬儀に
関するデータはすべて聞き取りによるものである。葬儀の詳しい手
順は資料に示すが、そのなかから、牛糞が使用されているところを
中心にこの節で説明する。葬儀においても牛糞は重要な役割を担っ
ている。

　まず、肥沃牧草地 B での葬儀の事例を示す（**表 17**）。人が亡くな
ると、まずラマを呼び経を読んでもらう。ラマが来たら牛糞を門の
ところで焚き、その上でバターと麦こがしと薄絹以外の布を焚く。
この地域に住んでいるアムドチベット人は、さまざまな場面で布地
を燃やす習慣がある。この煙は、空を飛んでいるハゲワシに供える
ためのものであり、同時に周囲に人が亡くなったことを知らせる合
図でもある。チベットでは鳥葬が行われるが、そのときの遺体はハ
ゲワシに食べさせる。

　亡くなってから 49 日間はラマの読経が続く。朝、ラマが牛糞に
バターと麦こがしと布をのせて焚いたのち読経を始め、夜に読経を
終えると牛糞の火も消される。寺が近い場合はラマが通いで訪問す
るが、寺が遠い場合は喪主の家に泊まって読経する。トゥルクと呼
ばれる転生ラマが占いで決めた日に鳥葬を行うが、それまで死者は
ベッドの上に頭を祭壇に向けて寝かされている。鳥葬の日の手順を

表 18　葬式の手順　都市近郊農村 C

1. 人が亡くなり、家族がラマを呼びに行く
2. 家の仏間を掃除し、部屋の隅に土または石を撒く。その上に白い布を敷く
3. ラマが到着すると、経を読みながら死者の遺体を仏間に運び、
   白い布の上に安置する。ラマが死者の衣服を脱がせ身体を拭く。
   そして、薄絹で死者を巻く
4. 家族は死者に対して五体投地する
5. 供え物を供える（死者の枕元にお茶と食べ物を設置）
6. 陶器の壺を家の入口に吊るす
7. 壺に着火した天然牛糞を入れる
8. その壺の中に、ツァスル（麦こがし、ミルク、蜂蜜を混ぜたもの）を
   入れて焚く
9. 仏間で灯明（最低 108 個以上のバター灯明）を点す
10. 読経を行う（はじめの 7 日間毎日）
11. 鳥葬場へ向かう（鳥葬場へ向かう日はラマが占いによって決定する）
12. 鳥葬場に向かう途中で、檀那寺に寄って巡礼を行う
13. 鳥葬場に着くと鳥葬師が遺体を解体しハゲワシに与える
14. 第 7 日目にラサ川にツァスルの壺を流す
15. 第 8 日目から 49 日目までの間、小さい壺でツァスルを焚き続ける（1 日 3 回）
16. 第 49 日目、小さい壺をラサ川に流す

※ラマが仏間で作業を行う間、家族は仏間には入れず見ることも許されていない。死者を薄絹で包
　んだ後に仏間に入り、家族が死者に五体投地を行う事以外は近代都市 D と手順は変わらない。

取り仕切るのも転生ラマである。鳥葬の日になると、転生ラマは読
経しながら死者を胎児のように手足を縮めた姿勢にさせ、清潔な布
または白い布で包む。そして車、あるいは馬にのせて鳥葬場へ向か
う。このとき、死者を鳥葬場へ送る人数は、死者も含めて偶数でな
ければならないとされている。

　鳥葬が終わると、死者の頭頂部の梵穴の周囲の骨だけとっておき、
鳥葬場で牛糞を使ってその骨を焼く。焼却した灰を半分に分けて、
半分の灰は粘土と混ぜて、型に押して仏像の形に固め、ツァツァと
呼ばれる塼仏を作って、寺の近くにある各家の祀る専用の小屋に祀
る。もう半分の灰を布に包み、ラサへ行く人に頼み、灰をラサの鳥

葬場で撒いてもらう。

次に、都市近郊農村Cの葬儀の事例を示す（**表18**）。人が亡くなるとラマを呼びに行くという点ではほかの地域と同じである。ラマを呼びに行っている間に、家の仏間を掃除し、部屋の隅に土を撒き、その上に人を寝かせることができる大きさの白い布を敷く。几

写真56　葬式の際に牛糞を入れてツァスルを焚く陶器（近代都市D）

帳面な家では、死者の体を地面から少し浮かせ、家の土間と接触させないように、床の上に砂と黒や紺色の砂利を撒く。それと同時に、死者のための食事やツァスルを焚く陶器の壺（**写真56**）が用意される。ツァスルとは、麦こがし、乳、ハチミツまたは砂糖を混ぜて練ったものである。それを焚き上げる。ツァスルは死者への供え物であり、燃料は天然牛糞が用いられる。

死者がいつ、どのような場所で亡くなったとしても、家族が死者を動かしてはいけないとされており、ラマたちが来てから死者を仏間に運ぶ。ラマたちは家に入った瞬間から読経を始め、たとえば5人のラマが来た場合、4人が死者を移動し、1人は読経をするというように、常に1人は読経を続ける。ラマたちのなかで一番霊力の強いラマが死者の顔に薄絹をかける。これは多くの場合は、転生ラマが行う。死者を仏間の角に置かれた白い布の上に安置したら、死者の衣服を脱がせ、水またはアルコールで遺体を拭いて清潔にし、薄絹で死者を巻く。この作業もラマが行い、家族は仏間には入らず、作業を見守ることもない。死者と縁のある人が死者に触れると、魂がその人に未練を持つと考えられているため、家族は死者に接触してはいけないとされている。体を薄絹で巻いた後、家族を仏間に呼

び入れ、死者の横には 1.5m ほどの高さにロープが渡してあり、家族はひとりづつそのロープに薄絹をかけていく。薄絹がかけられていくと、安置された死者の姿は薄絹の陰に隠されてだんだんと見えなくなる。家族は死者に対して五体投地を 3 回以上行う。そのほかの手順は次で述べる近代都市 D と同じであった。

　都市近郊農村 C に近い別の地域の事例でも（**表 19**）、人が亡くなったときの場所や状況にかかわらず家族が死者に触れたり動かしたりせず、すぐにラマを呼ぶ。ラマが到着したら、まず魂が苦しまずに身体から出てあの世にたどり着くことを祈る短い経を死者に向かって読み、それが済むと遺体を仏間に移動させる。次に、遺体から装身具、特に金属のものはすべて外す。これは、装身具に人の願いが込められていたり、お守りになったりしていて、占いに影響すると考えられているためである。装身具への配慮がこの地域の特徴であるといえる。その後の衣服を脱がせて清潔にし、薄絹で巻くという手順は都市近郊農村 C と共通しており、鳥葬場へ行くときには手足を縮めて胎児のような姿勢にするところもほかの地域と共通している。また、この地域でもツァスルを焚く際の燃料として天然牛糞が使われる。

　ここで、近代都市 D での葬儀の事例（**表 20、資料Ⅳ　葬式**）を引きながら、ツァスルとツァスルの壺について詳しくみていく。遺体が家に安置されている間、死者へ供える食事と同時にツァスルを陶器の壺（**写真 56**）のなかで焚くが、このときの燃料として天然牛糞が用いられる。ツァスルを木製のスプーンで少しずつ、壺の中で燃焼している天然牛糞にかけ煙を出す。チベットでは煙は神に捧げるものとされ、ツァスルは死者の魂への供物である。そのため、ツァスルを手で触ることはせず、金属製やプラスチック製のスプーンも使わない。木製のスプーンでツァスルをすくってかける動作は順手で

表 19 葬式の手順　都市近郊農村 C に近い別の市

---

1. 人が亡くなり家族がラマを呼ぶ

2. この際家族は、ラマが来るまで遺体に触ったり動かしたりしてはいけない

3. ラマが死者の成仏のために短い経を読む

4. 死者を仏間に移動させる

5. 死者の装身具をはずして、占いを行う

6. 占いの結果によって経を読んだり、安置する遺体の向きを決める

7. 鳥葬場へ行く前に死者を胎児の姿勢にして薄絹で包む

8. 鳥葬場へ着くと鳥葬師が遺体を解体し、ハゲワシに与える

※占いを行う際に、装身具を外すのは、装身具は人の願いが込められていたり、お守りとしての役割があるため、占いに影響を与えてしまうと考えられているからである。

表 20　葬式の手順　近代都市 D

---

1. 人が亡くなりすぐに死者の頭のそばに油皿の灯明を燃やす。油皿の灯明は 7 日間燃やし続ける。

2. ラマを呼んで来て遺体の安置などについて占いをしてもらう。占いの際には遺体から金属製のものや装身具を外す。

3. 読経を行う（初 7 日間毎日）。

4. 仏間に白い布を敷いて、その上に遺体の安置。

5. 仏間で灯明（最低 108 個以上のバター灯明）を点す。

6. 陶器の壺を家の入口の外に吊るす。

7. 壺に着火した天然牛糞を入れる。

8. 壺の中に、ツァスルを入れて煙を発生させる。初 7 日の間は 24 時間ずっと煙を出し続ける。

9. 供え物を供える（1 日 3 食死者が生前好物だったものを供える。7 日間供える）。交換した古い供え物はバケツなどに取っておく。

10. 鳥葬場へ向かう（鳥葬場に向かう日はラマが占いによって決定する）。

11. 鳥葬場に行く前にジョカン寺に寄って巡礼を行う。

12. 鳥葬場に着くと鳥葬師が遺体を解体しハゲワシに与える。

13. 7 日目の午後、ツァスルを焚いている陶器の壺をラサ川に流す。取っておいた供え物、食器は占いで決められた場所に持って行く。

14. 第 8 日目から 49 日目、小さい壺にツァスルを引き続き焚く（1 日 3 回）。

15. 忌日法要は家族がお寺に行って読経を行う。

16. 第 49 日目に、小さい壺をラサ川に流す。

※初 7 日にツァスルを入れた陶器の壺を河に流した後、皆で宴会を行っていたが、2015 年頃から人の死に際して宴会を行う事は不謹慎ではないかという意見や、壺を流し続け、沈んだ多くの壺の影響で河の流れが悪くなったという事から、現在では宴会を行う習慣が減ってきている。

図11　葬式の際に門の外でツァスルを焚くイメージ（近代都市D）

行わなければならない。逆手で持つことや、手の平を上に向けることは禁じられている。ツァスルを追加したときに炎が上がるので、それを抑えるためにサフラン水というサフランを入れた黄色い水をかけるが、このサフラン水には水道水ではなく、ラサ河から汲んで仏壇に供えられた水が使われる。また振りかけるときには香木が使われる。

　ツァスルの壺は死者が出た家の前に吊るされ、初七日のうちは24時間、絶やすことなく燃やされる（図11）。7日目になると、死者に供えたものやツァスルの壺は死者とは遠縁の親戚によってラサ河に流される。ツァスルの壺を車でラサ河に持って行く際に、絶対に車や人に触れないように、また車のなかにも入れないように、車の窓から手を出して車の外に吊るして運ぶ。トラックの場合も同様で、車のなかやトラックの荷台にツァスルの壺を入れないようにする。移動中もツァスルを追加して、なるべく煙が多く出るようにする。壺を河に流すときに、流れてみえなくなるまで浮かびながら牛糞の火が消えず煙が上がっているのが良い状態とされ、すぐに沈むのは縁起が悪いとされている。死者の魂は死後49日間は家に居る

とされるので、鳥葬後も葬儀で使ったものより小さな別の壺を使い、三食の時間に合わせてツァスルを焚く。このときも燃料としては天然牛糞が好まれるが、7日目までとは異なり、加工牛糞も使われることがある。

　このようにツァスルを焚くときの燃料として牛糞が選ばれるのは、石油などの化学物質が避けられていることと、牛糞が清浄であると考えられていることに由来している。

　鳥葬場に行く日はラマの占いによって決められ、特定の方向と時間に庭でサンを焚き、その隣に机を設置する。机の下に卍が書かれており、机の上に経典と牛糞を設置する。さらに水と乳を設置する家もある。牛糞は3つ積み重ねて薄絹で包む。なお、葬儀の際に書く卍と結婚式に書く卐は逆になっている。葬儀で使われる卍は祝い事には縁起が悪いといわれている。

　鳥葬場に行く前日にロケンと呼ばれる鳥葬師が家に来て、遺体の手足を曲げて胎児の姿勢にする。鳥葬場に行く日と時間帯は占いで決められる。占いで決められた時間になると、長男、または最初に生まれた男の孫が遺体を背負って家から出る。たいていの場合、朝4時頃が多い。遺体を背負った人はサンと机を中心に、その周囲を回る。このとき時計回りに3周、反時計回りに3周する。この動きで家と死者のつながりを断ち切ることができると考えられている。

　牛糞を机の上に置くのは、牛糞がこの家の富と幸運を象徴しているからで、先に述べた死者とのつながりを断ち切る儀礼は、この家の富や幸運をあの世に持っていかないようにするためであるといわれている。このときに使われる3つの牛糞は処分せず、薄絹に包んで保管する家が多い。

表 21　進学のお祝いの手順

1.　前日から式場で会場の準備を行い、祭壇に水と牛糞、シマボウを飾る
2.　当日の朝、各テーブルに飲み物や果物、お菓子などを用意する
3.　早朝に最初の客が来る前までにサンを焚く
4.　12 時を過ぎると、来客が続々と来る
5.　来客はテーブルに着席し、軽食を摂りながらゲームやおしゃべりを行う
6.　17 時に食事開始
7.　夕食が終わり次第酒を飲み、主催者が全ての来客に 　　酒を注いで飲ませてまわる
8.　酒を飲み終わると、サンを中心に踊る
9.　日が落ちる前に、サンを焚くのをやめる
10.　踊りの後に帰る人と会場に残って、引き続き酒を飲む人で別れる

※本来は、サンを朝から焚き続けるが、サンの番を行ったり、香木をつぎ足し続けなければ
　ならないため、人手不足の現在では、最初だけサンを焚くことが多くなっている。

5-2-5　進学祝いの宴会での利用

　近代都市 D とその周辺では、子どもが高校へ進学することはその家族にとって大きな出来事であるため、進学する子どもに対してお祝いの宴会を行う（表 21）。1985 年から中国の一部の中学や高校では、試験で選抜された優秀なチベット人の子どもたちが入学することができるチベット人クラスが作られた。チベット自治区を出てそのような高校に入学することは本人の優秀さを示し、卒業後の大学進学率も高く就職にも有利である。そのため、子どもが高校のチベット人クラスに合格した家では盛大なお祝いをするようになった。また、子どもが遠い街の高校に旅立つため、壮行会のような意味合いも含まれている。

　このようなお祝いは比較的近年の 2000 年頃から始まったといわれている。以前は、チベット自治区内の高校に進学した際にもお祝いの宴会をしていたが、チベット自治区外のチベット人クラスへの進学の宴会が多くされるようになると、自治区内の高校へ進学しても宴会を開かなくなったという。また、以前は自宅で宴会をするこ

とが多かったが、近年では宴会場を借りて開く家がほとんどである。

宴会は、多くの場合2日間行われ、1日目は来賓の客を、2日目は1日目に手伝ってくれた人たちを接待する。初日の早朝、来賓が到着する前に会場の入口、

写真57 進学祝いの式場に飾られた牛糞（右の白い袋）（近代都市 D）

あるいは宴会場の建物の入口の外でサンが焚かれる。来客はサンの煙で身を清める。そのまま日が暮れる18時ごろまでサンは焚き続けられ、同じように2日目も早朝から日暮れまでサンが焚かれる。結婚式のときと同じように、サンを焚くときには必ず牛糞が使われる。

宴会場には祭壇のようなものが作られ、手前には左から小型のサンコン、サンコンの右に水を入れている容器が置いてある。容器の縁にはメトチョマルと呼ばれる、彫刻のような飾り切りをしたバターをつけてある。奥の中央やや左にはシマボウを設置している。これらのものには薄絹が巻いてあり、神聖さを表している。祭壇の右隣には牛糞の入った袋が置いてあり、これにも薄絹が巻いてある。上の3つの牛糞にはそれぞれ1つずつバターをつける（**写真57**）。

5-3　食器の洗浄のための利用

水資源に乏しい地域では食後に食器を洗うことはできない。食器についた食品は残さずきれいに舐め取る。かつての遊牧民は移動が多いため家財が少なく、各自の食器が決まっており、調査地では、

カヨルと呼ばれる茶碗を家族の間で共有することもなかった。乾燥高冷地 A では、来客用の茶碗を準備していることもあまりないため、近所の人が遊びに来る際は各自が茶碗を持って訪問し、自分の茶碗でオチャを飲む習慣があった。客が自分で茶碗を持ってきていない場合は来客用の茶碗を出す。一部の遊牧民地域では 2000 年代中頃までは、新鮮な牛糞で来客の茶碗を拭くという伝統的な方法をしばしばみることができたが、その後急速に廃れたという。チベット人のなかにも、このような習慣が現代の衛生概念からすると時代遅れと感じる人が増えていることや、またそのような考えを持つ客人への配慮から、行われなくなったのではないかと考えられる。

　2004 年、青海省のある牧畜民の家をその家の夫の上司にあたる人と訪問したときの事例を取り上げる。その家の庭には井戸があり、水で食器を洗い、布巾で食器を拭くことも可能であった。しかし、その家の妻はわざわざ新鮮な牛糞で茶碗を拭いてからバター茶を注ぎ、夫の上司に渡していた。牛糞には適度な水分と粘りがあり、食器を拭くと実際にきれいになるのだが、それよりも大事な牛糞を使って食器を拭くことで、客を大切に思っていることを表現したり、親近感を表現したりする意味合いもあるようだった。肥沃牧草地 B の R 家では、大切な客が来るときに必ず牛糞炉の天板のコンロのそばに抹香を少量置き、煙を立たせ、来客用の食器をその煙で浄化してから客に使わせていた。それと同じような意味で牛糞を使って茶碗を浄化したのではないだろうか。

5-4　年末の料理での利用

　毎年チベット暦の 12 月 29 日に、グトゥクと呼ばれる料理を食べる。グトゥクはハダカ麦の粉を少量の水でこねて団子を作り、そ

れを羊の頭でとっただし汁に入れた料理である。家ごとに使う食材は異なる。たくさんの団子のうちのいくつかを大きめに作って中に木炭やガラス、塩の塊、唐辛子、ヒツジの毛、麦わら、牛糞などを入れておき、団子に入っていたものによって占いをする。たとえばヒツジの毛は、その性質から性格が温和であることを意味し、塩の塊は仕事をやりたがらない怠け者を意味し、唐辛子は口ばかりの人を意味する。また、木炭は腹黒い、ガラスは心が透明で優しい、麦わらは性格がまっすぐであることを意味している。牛糞は、常に富を所有していることを意味し、最も縁起が良いこととされている。

現在は団子の中に実際にものを入れることは無くなり、文字が書いてある紙を入れる。あるいは牛糞の代わりに黒砂糖を入れたり、ガラスの代わりに透明な飴を入れたりというように、食べることができる代用品が使われることもある。

5-5　病気の治療

牛糞は病気の治療にも使われているという記録がある。チベット医学のなかに、燃えている牛糞にある種の精神安定剤を撒いて煙を出させ、患者にその煙を吸わせることで、患者の精神を安定させる方法があると述べている［張 2013］。

近代都市Dで観察した事例では、ある母親が牛糞を使って娘の頭痛を治療していた。母親はまず3つに折ったチベット香を皿にのせ、直径3cmほどにちぎった牛糞の小片を赤熱させる。この赤熱した牛糞を皿の上の3つのチベット香にのせる。そしてその皿を患者である娘のところへ持っていき、赤熱した牛糞の上に塩を少しふりかけ、患者にその煙を嗅がせ、「塩が燃える音が聞こえるか」と聞く。塩が燃える音が聞こえるのは治療がうまくいく徴で、音が大

写真 58 牛糞で病気を治療する母と娘（近代都市 D）

きく聞こえるほうが治療効果が大きいそうである。それで患者が「はい」と答えると、母親は牛糞の入っている皿を患者の頭の上でゆっくり時計回りに 3 周、反時計回りに 3 周まわす。それから患者は牛糞に 3 回唾を吐き出す。この儀式を通じて、憑依した悪魔が体から離れ、牛糞の上に誘い出されるという。この悪魔が付着した牛糞は皿と一緒に交差点に投げ捨てる。これによって悪魔は迷子になってしまって患者を見つけられなくなるそうである。牛糞を燃やし始めてから治療が終わるまで、母親はお経を唱え続けていた（**写真 58**）。

5-6 牛糞炉の使用禁忌

前の節で述べたように、新しい牛糞炉を使う前に儀式を行ったり、引越しのときや新居で初めて牛糞炉を使う際に儀式を行うなど、牛糞炉には様々な火入れ儀礼がある。ここでは、日常生活で牛糞炉を使用する際の禁忌を説明する。

乾燥高冷地 A では、牛糞炉に着火するために紙くずを入れることがあるが、着火時以外は動物の糞と植物の根以外は一切入れてはいけない。牛糞炉で調理をする際に、コンロの周辺に油が飛び散ることはとても縁起が悪いこととされ、油が飛び散ったときはコンロの周囲に粉末状のお香を撒いて清める。お湯を沸かす場合やバター茶を温める場合、乳を加熱する場合でも、噴きこぼれないように気

をつけている。もし溢れさせると、家畜が病気や行方不明になったり、家族が病気になったり、外出時に事故が発生したりというように、何か悪いことが起き、帰って来れなくなったりするという。

チベット高原では、牛糞炉に肉と骨を入れることは最も厳しい禁忌となっている。乾燥高冷地Aに暮らすGは怯えた様子で次のようなエピソードを語った。新しく役場に赴任してきた人が、牛糞炉で食べ残しの羊の骨を焼却した。彼はその後外出先から戻って来た際に、役場まであと数十mのところで車のタイヤがパンクしてハンドルをとられ、死傷者がでるほどの大事故を起こしてしまった。これを村人達は、牛糞炉で羊の骨を燃やしたからだと考えている。

内モンゴル出身の牧畜文化を研究している包によると、内モンゴルでは、食べた動物の骨を清明祭のときに燃やすためにとっておく。しかし雪害のときにもし燃やすものが無い場合、最終手段として、とっておいた動物の骨を燃やしていたという［包から筆者への電子メール2020年3月26日］。つまり内モンゴルでは骨を燃やすことに嫌悪感を抱かない。対照的に、チベット高原では、動物の骨などを燃やすと炉の神が機嫌を損ねると考えるため、禁忌としているという［华锐・东智 2011］。

しかし肥沃牧草地BのR家の場合、プラスチックやペットボトル、缶などのゴミも牛糞炉で燃やしていた。着火の際にも古タイヤ片などを使っていた。それでも生姜の皮とニンニクの皮は絶対に入れてはいけないと話していた。生姜の皮やニンニクの皮を燃やすと雌ヤクの乳房にできものができて搾乳ができなくなるとのことだった。また、乾燥高冷地Aと同様に動物の肉と骨を燃やすことは禁忌である。

客としてRの兄弟が来訪したときに、牛糞炉のコンロに抹香をひとつまみ置いて、その煙で客の茶碗とスプーンを燻していた。訪

問者には誰にでもそうするというわけではなく、大切な客や親密な客が来た場合にのみ行う。

　都市近郊農村Cでは、牛糞炉の牛糞投入口を川が流れてくる方向に向けてはならない。理由は川の水が牛糞炉に入ってくるイメージを避けるためだと考えられている。特に飲食店で牛糞炉を設置する際はその点に注意する。牛糞炉の火が常に順調に燃えるかどうかが商売繁盛に関わっているため、彼らは用心深く位置を決める。

　日々の生活のなかでは利便性から、牛糞炉の上部のコンロ部分から牛糞を入れることがあるが、火入れ儀礼の際は、必ず正式に牛糞投入口から牛糞を入れる。そうしなければ牛糞炉の神に失礼だと考えられている。また、薪を燃料として牛糞炉に入れるときには必ず根を下に向けて、木が生えていたときの自然の状態に従うことが大事だといわれている。

　寒いとき、牛糞炉の周りに座ると、足を牛糞炉の縁側に置きたくなる。そのほうが暖かいからである。しかし、そのような姿勢は禁止されている。牛糞炉は暖炉ではないため、正しい使い方をしないと、牛糞炉の神が怒るといわれている。

　乾燥高冷地Aや肥沃牧草地B、都市近郊農村Cともに牛糞炉に骨や肉類、毛皮などを絶対に入れてはいけない。また、加熱するときに内容物をふきこぼれさせたりして、牛糞炉を汚したりしてはいけない。もし汚したら、コンロの周りにお香を撒いて清め、牛糞炉の神の怒りを静める。この手順も乾燥高冷地Aと同じである。調査地のどの地域でもテントのなかにある生活器具のうち、牛糞炉が一番よく掃除され、常に清潔に保たれていた。

第6章　分析

　チベット高原の4つの調査地で収集した事例から、チベット人の生活における牛糞の重要性がみえてきた。この章では、ここまで示した事例にあわせて牛糞の利用に関する生態的な側面から象徴的な側面までを俯瞰的に分析していく。まずはじめに牛糞の燃料として優れた特性について述べる。次にヒトとヤクの関係を家畜化の観点から分析する。さらに牛糞の素材としての特性を活かした多様な利用のされ方についてまとめる。そして最後に牛糞の象徴的な使われ方についてまとめ、チベット人にとっての牛糞の価値や意味について分析し考察に発展させる。

6-1　牛糞の燃料としての重要性

　チベット高原にいる遊牧民は季節によって移動するため、暖房や炊事の設備は移動に便利な簡易的なものを使う。牧畜を行う3つの調査地は高所で、多くの場所は森林限界を超えているうえに、年間を通して気温が低く寒い。たとえば肥沃牧草地Bでは、日本の気象庁の資料によると、最も暖かい夏季の7月でも平均気温は10.3℃ほどで、1年中暖房が必要な気温である。しかし、燃料として使える木はほとんどない。暖房用に彼らは大量の燃料を必要としているが、調査地には灯油はなく、電気も街の一部にしか引かれていない。また、ガスも石炭も街でしか売っておらず、彼らの経済感覚からすると高価であり、大量に購入して使用することはできない。そのため、乾燥した草食動物の糞が燃料としてほぼ唯一の選択肢といえる。

表22　各調査地における家庭の年収

	乾燥高冷地 A　G 家	肥沃牧草地 B　R 家	都市近郊農村 C　J 家
年収	約 17,000 元 ≒ 303,507 円 2015 年 G 家（家族 3 人）	約 73,000 元 ≒ 1,251,870 円 2017 年 R 家（家族 9 人）	約 41,000 元 ≒ 703,105 円 2017 年 J 家（同居家族 7 人）
年収の内訳	毛　2,000 元 牧草地手当　15,000 元	バター約 50kg　5,000 元 冬虫夏草　45,000 元 獣医の給料　5,000 元 牧草地手当　18,000 元	ヤク 2 頭　20,000 元 冬虫夏草　7,000 元 ハダカ麦　10,800 元 牧草地手当　200 元 牛糞　　3,000 元
LP ガス 10kg の価格	150 元 ≒ 3,678 円	100 元 ≒ 1,715 円	90 元 ≒ 1,545 円

※ G 家の年収は、2015 年 7 月の為替で換算　　R 家、J 家は 2017 年 10 月の為替で換算

参考までに、調査地の LP ガス価格と調査地の収入の例を**表 22** に示しておく。

　ここまで述べてきたように、チベット高原に暮らす牧畜民にとって、牛糞は生活に欠かすことのできない燃料である。ここでは調査地ごとの牛糞の資源状況や加工方法、使い分けなどを比較し、人々と燃料としての牛糞の関係を検討する。さらに、牛糞の燃料としての優れた特性を明らかにするために行ったいくつかの燃焼実験を提示する。

6-1-1　燃料としての牛糞利用の調査地間の比較

　筆者の調査では、乾燥高冷地 A では野生動物の糞や枯れ草など、牛糞以外の燃料が約 8 割を占めていた（**図 8** 参照）。ここでは調査地のうち、牧畜を行っている乾燥高冷地 A、肥沃牧草地 B、都市近郊農村 C を比較する。調査地の牧草や使用する燃料の特徴、糞の収集方法や使用量などを**表 23** にまとめる。肥沃牧草地 B では牛糞と馬糞が得られるが、牛糞が十分にあるため馬糞は全く使われない。また、燃料を加工する際には牛糞の質を選別して加工している。都

表 23 　G 家・R 家・J 家の燃料に関する比較

		乾燥高冷地 A　G 家	肥沃牧草地 B　R 家	都市近郊農村 C　J 家
資源状況比較	標高	5,000m 以上	4,200m	4,100m
	生業	遊牧	遊牧	半農業 半牧畜
	牧草地	広い、荒れ地 乾燥、痩せている	広い、春夏降水量が比較的多い	狭い、夏の遊牧地が毎年変わる
	草の量	安定して少ない	安定している豊富な草	多い年と少ない年がある
	燃料	草食動物の糞、草根	ヤクの糞	ヤクの糞
収集比較	収集方法	山を登ったり羊の放牧を行いながらヤクや野生動物の糞と草の根を探す。必要に応じて羊の係留場または囲い内の羊の糞も集める。	100m 以内のヤク係留場内の牛糞を選択しながら収集する。繊維が多く含まれているものを選ぶ。	住居から 100m 以内のヤク係留場またはヤク小屋にある牛糞をすべて収集する。
	時間	午後、3 時間	朝食前、春・夏・秋は30 分、冬期は30 分~2 時間	朝食前、30 分間
加工方法の比較	加工方法	加工しない	天候に合わせて、加工方法が変わる	牛糞の質により加工方法が変わる
保管方法の比較	保管方法	特に工夫しない 濡れなければ良い	収納スペース及び機能性を考慮して保管する	収納スペースを考慮して保管する
使い分けの比較	使い方	冬の燃料をキープすることを最優先に考えている	収納性が悪いものを優先的に使う。正月などの特別なとき用。	人間用と家畜用を分けて使う
使用量の比較	使用量	1 番寒い中でも、不足しないよう厳寒期でもあまり暖房用として使わない	十分にある、使い放題	十分にあるが、節約して使う換金物としてお金になるから
	春	13kg	35~40kg	7.8kg（30 個）
	夏	13kg	40kg	7.8kg（30 個）
	秋	13kg	40kg	10.4kg（40 個）
	冬	23kg	60kg	13~15.6kg（50~60 個）
	厳寒期	30kg	60~70kg	23.4~26kg（90~100 個）

※都市近郊農村 C　J 家のジョテープは一個約 260g である。

市近郊農村 C にも牛糞資源は十分にあるが、牛糞を換金物として
扱うため厳冬期でも節約しながら使っている。近代化が進んでいる
現在、政策による制限があるにもかかわらず、牧畜生活から離れて
街に住んでいる近代都市 D の一部の人々の間でも実際には今も暖
房用の燃料として牛糞が使われている。

　乾燥高冷地 A の人々は農耕を行わず、完全に遊牧生活をして暮
らしている。ここには春夏秋冬の 4 つの放牧地と中間放牧地の計 5
つの牧草地があり、いずれも広い荒地で乾燥し、土地が痩せている
ため牧草の量は少ない。彼らはそこで主に羊を飼いながら数頭に過
ぎないヤクを所有している。その数頭のヤクの糞だけに頼っていて
は燃料は不十分なため、ヤクの糞以外にも、羊の糞、野生動物の糞
も利用する。それでも足りていないので、枯れた草なども燃料に使
う。

　肥沃牧草地 B に暮らす人々も完全に遊牧生活をして暮らしており、
飼っている家畜はヤクのみである。冬に本拠地とする場所と夏の放
牧地の計 2 つの拠点がある。本拠地の牧草地は都市近郊農村 C よ
り広く、春と夏は降水量が多いため牧草が豊かである。牧草の量が
多いので糞の量も多い。良質なものを選別して使用できるほど十分
に牛糞があることから、良質なものだけを加工し、質が悪い牛糞は
廃棄する。事例からは春の間は 80% 以上の糞を廃棄していたこと
がわかる。夏と秋も 50% ほどの糞は加工せず、係留場から回収さ
れ風化するまで 5 年ほど放置される。

　都市近郊農村 C の人々は半農半牧で生業を営んでいる。この地
域も飼っている家畜はヤクのみであった。常に本拠地で農業をする
人が必要なので、夏の放牧地には家族の代表として夫だけが行く場
合が多い。妻は畑仕事と家事や雑用をしなければならないため、本
拠地に残る場合が多い。都市近郊農村 C は、乾燥高冷地 A や肥沃

牧草地Bと比べると人口の密度が高く、また牧草地は地形に偏りがあって各家の牧草地を公平に定めることができない。そこで年ごとに各家の牧草地を順番で入れ替えている。割り当てられた場所は牧草が茂っている年もあれば、そうでない年もある。このように牧草地の状態は安定していないがヤクの頭数は十分にあるので、牛糞を利用すれば一家の1年の燃料は確保できる。また牛糞は換金できるため、余剰の牛糞も捨てずに加工する。

6-1-2 収集方法の違い

乾燥高冷地Aではヤクに関しては粗放的な放牧を行い、野放しのような状態で、テントのそばにヤクの係留場をつくらない。つまり、朝、係留場に排泄されたヤクの糞を収集するわけではない。糞の収集作業には3つの方法がある。1つ目は、家族のうち放牧担当ではない人が家事や雑用をした後に、テントの近くの山に登って糞を収集する方法である。ヤクの糞だけではなく、野生動物の糞や枯れた植物をみかけたらそれも収集する。2つ目は、放牧を担当する人が放牧をしながら、みかけた野生動物の糞を拾い集める方法である。放牧するときは長距離を歩くため、昼食の際などに拾った糞をその場で使う場合もある。3つ目は、オートバイに乗って自分の家の牧草地を回ってヤクの確認をしながら糞を集める方法である。拾ってきた糞は冬のために備蓄し、普段はなるべく羊の糞を利用する。羊の糞は小さいため、牛糞のように加工して保存することが難しく、日常生活では羊の糞を優先的に使う。

肥沃牧草地Bの場合、夏の放牧地でも冬の本拠地でもヤクの係留場から牛糞を収集する。収集の目的は2つあり、主に燃料として加工する牛糞を集めるためと、係留場の掃除をするためである。ヤクたちが自分の排泄物の上で夜を過ごすことは、ヤクの健康上良くな

表 24　R 家の年間の牛糞使用量と木材換算

	使用量（kg）	木材換算	
		重量（kg）	体積（m³）
夏（6〜9 月）	4,942	2,819.4	6.2
冬（10〜5 月）	12,575	12,073.6	26.6
合計（年間）	17,517	14,893.0	32.8

※夏の牛糞のエネルギー 10,122 kJ/kg、冬の牛糞のエネルギー 17,035 kJ/kg を使用し、木材は杉、木材のエネルギー換算は発熱量 4,238 kcal/kg、含水率 0 %で計算した。木材の質量と体積の関係は 1t = 2.2m³（「木材チップの換算係数－全国木材チップ工業連合会」林野庁 2020）を使用した。

いとされている。そこで毎日係留場から牛糞を全て収集するが、収集した牛糞のうち、草繊維がたくさん残っている牛糞だけを燃料として加工する。利用しないものは廃棄牛糞の山に捨てる。収集する時間は、春、夏、秋では搾乳後、朝食の前の 30 分ほどである。冬の間は、子ヤクに乳を残すために搾乳は短時間しか行わず、少量のミルクティーとヨーグルトの製造以外に乳は使用しないため、搾乳は後回しにして牛糞を拾う。冬に拾った牛糞はその場で牛糞垣を造るのに利用される。毎朝、牛糞の量と天候によって、30 分から 2 時間ほど時間をかけて牛糞垣を造る。年間の 3 分の 2 の燃料は冬の牛糞を利用しているため、この時期の牛糞は重要である（表 24）。R 家では 6 月から 9 月の 4 ヶ月間は夏に収集した牛糞を使用し、10 月から 5 月の 8 ヶ月間は冬に収集した牛糞を使用している。

　都市近郊農村 C においては、ヤクの係留場やヤク小屋にある牛糞を全て拾い、加工して収納する。牛糞の収集は搾乳の後、朝食の前の 30 分間に行う。本拠地ではなく遊牧地でヤクを飼う夏には、放牧しながらでは牛糞の加工ができない場合が多い。そのため、牛糞をそのまま乾燥させ袋に入れておき、あとで家族が取りに来るなどして、まとめて本拠地へ運搬してから加工する。

　このように、生態的・経済的な条件により牛糞の収集の仕方や収

集に費やす時間、牛糞の収集に対する考え方などが違うことがわかる。牛糞が豊富とはいえない乾燥高冷地 A では、午後の大半の時間を糞を探すために使い、放牧中も糞を集めることを意識している。さらに、わざわざオートバイを使って糞の収集に行くなど、牛糞を収集するために時間とエネルギーを費やしている。それに対して肥沃牧草地 B では、毎朝 30 分程度の時間を使うだけで捨てるほどの牛糞が手に入り、燃料に適さないものは実際に捨てている。都市近郊農村 C でも肥沃牧草地 B と同じように、収集にはそれほど時間もエネルギーもかけないが、換金物でもあるため捨てることはしない。牛糞の状態にかかわらず、すべての牛糞を加工にまわす。この牛糞の加工について次に書いておく。

6-1-3　加工方法と保管方法の比較

　牛糞の加工について各地の事例を比較したところ、加工するかしないかは牛糞の状態と保管する方法によって決められることがわかった。

　乾燥高冷地 A では牛糞やその他の燃料は加工されず、乾燥したら袋に入れてそのままテントのなかに保管されるか、牛糞がふんだんにある家ではテントのそばに適当に放置してある。加工しない理由として、乾燥高冷地 A は非常に乾燥しているため、排泄した糞は 1 日で表面が乾燥して固まってしまうことと、寒い時期は排泄されたらすぐに凍結してしまうことがあげられる。また、もしそのような牛糞を加工するのであれば、水を使って糞を柔らかくしなければならないが、乾燥高冷地 A では水が貴重であるため、この方法は使えない。そもそも風が強くて寒いため、水分を含んだ牛糞を加工することによって手が凍傷になってしまう。なにより収納するのに困るほどの牛糞は得られないため、牛糞を加工する必要がない。

乾燥高冷地 A では牛糞を成型することはないが、収集したらそのままではなく、十分に乾燥させてから保管する。

　肥沃牧草地 B では、季節ごとに牛糞の加工方法が異なる。春の間は、ヤクが食べる草に含まれる水分が多いため、質の良い燃料にはならない。また、湿度が高いため牛糞が乾燥しにくい。この 2 つの理由から、春はあまり牛糞を加工せず、拾った牛糞の 80% 程度は廃棄していた。加工する必要がある場合は、牛糞を小さくちぎって、日当たりが良い斜面で乾かすジョザップと呼ばれる加工方法を用いる。夏の間は、ジョイーと呼ばれる加工方法で牛糞を地面に広く団扇状に押し広げ、薄い形にして乾燥させる。牛糞の水分は春に比べると少なくなるが、それでも燃料として使える程度に乾燥させると 3 割程度の重さになることから、多くの水分を含んでいることがわかる。秋になると、朝は牛糞の表面だけが凍ってしまい、夏の牛糞のように地面に押し広げる作業には向かないため、ジョフオンと呼ばれる方法で加工する。これは牛糞を地面に投げつけて飛散させ、そのまま乾燥させる方法である。この時期は、乾燥に時間がかかるため、ジョフオンをそのまま放置して、冬の本拠地に移動する。10日ほど経過してから夏の放牧地に回収しに行き、袋に入れて牛糞倉庫に収納する。冬は、牛糞垣が造られる。この加工作業の特徴は、来年の冬に利用することを見越して大量の牛糞を保存するために、保存形態を工夫して、保存の状態で乾燥させるという点にある。壁の形にして保存することで、冬の強い風に当てて乾燥させることができる。春の牛糞には水分が多く含まれ乾燥しにくいため、冬につくった牛糞垣を燃料とすることが多い。夏のジョイーはほとんどがすぐに使用され、余った物は冬の本拠地に戻った最初の頃の燃料となる。ジョフオンは乾燥に時間がかかるためにすぐには使えず、冬の本拠地に移動した後に回収して、補助的な燃料として使う。

都市近郊農村 C では冬とそれ以外の季節で糞の加工方法が変わる。春、夏、秋はジョテーブと呼ばれる円盤形の形に加工する。厚みがあるため、しっかりと乾燥するまで 30~40 日ほどかかる。すべての牛糞を同じ形に加工すると、牛糞垣や円柱形に積み重ねやすく、省スペースかつ安定した状態で保管することができる。また、ジョテーブは近代都市 D で販売する商品としても適した形態である。冬の牛糞は、ヤクが食べる草の量が少なく、糞に含まれる草繊維が少ないため、燃料としての質が落ちてしまう。そのため、ジョテーブには加工されず、ジョレレーブと呼ばれるレンガのような形に加工され、屋外で家畜用の燃料として使用される。

　以上のように、牛糞が十分に手に入る肥沃牧草地 B と都市近郊農村 C では、さまざまな形状に牛糞を加工していた。加工する目的は、乾燥を促進して燃料としての質を高めることと、保管をしやすくすることである。乾燥高冷地 A や肥沃牧草地 B では住居は密集しておらず、収納場所に困ることもない。そのため、乾燥高冷地 A では糞をテントのそばに適当に放置しておくことができる。また肥沃牧草地 B では積み上げて壁にして伸ばしていくことができる。しかし都市近郊農村 C では、冬の本拠地の住宅はある程度まとまって集落を形成しており、隣家の敷地と隣接している。そのため、敷地内に効率よく収納することが求められる。このように、それぞれ加工方法と加工する形が異なるのは、彼らが牛糞燃料を季節や用途に合わせて適切な形で利用しているからであり、牧畜技術の向上にともない管理できるヤクの頭数が増加し、利用できる糞が増え、多様な文化が生まれている。

　さらに都市近郊農村 C で保管しやすいように同じ形に加工された牛糞は、運搬に適している。都市近郊農村 C から街や近代都市 D まで運搬され、商品として販売されるようになった。また、形状

が同じであることは、商品としての質を管理するうえでも有用である。こうして牛糞が商品化されたことが、放牧をせずヤクとの接点がない近代都市 D において、冬の暖房用の燃料とさらにはさまざまな儀礼の必需品として牛糞が利用されることを可能にしている。

6-1-4　各地での使用量の比較

　表23 に 3 つの調査地で使用されている燃料の量を概算したものを示す。概算の誤差は 5~10kg ほどである。乾燥高冷地 A は最も寒いにもかかわらず、燃料不足が深刻であるため最低限の燃料しか使えない。乾燥高冷地 A に暮らす人々が使っている燃料は肥沃牧草地 B の人々の半分以下の量である。加えて、乾燥高冷地 A で使用している燃料のうち、牛糞は多く見積もっても 5 分の 1 程度である。肥沃牧草地 B では、牛糞を選別しながら加工するが、加工した牛糞を他の 3 つの地域と比べて贅沢に使用することができ、夏でさえも、都市近郊農村 C と乾燥高冷地 A の厳冬期の使用量を上回っている。最も牛糞が多いにもかかわらず、加工した牛糞を換金しないことが要因である。都市近郊農村 C では牛糞は換金物である。重要な収入源となっており、普段から自家消費の量を節約している。都市近郊農村 C に住む人々は、なるべく牛糞炉に牛糞を追加しなくても良いように、夕飯を食べたらすぐに寝ることで節約していた。したがって、厳冬期でも使用されるのは 1 日わずか 26kg である。

6-2　燃料としての牛糞の有効性を検証する実験

　牛糞は燃料としてどのくらいの有用性があるだろうか。それを確認するために、いくつかの燃焼実験を行った。1 つ目は、調査地の家庭の中で使用されている牛糞炉を使った、炉の大きさや燃やす燃

料ごとの燃焼効率の比較実験である。2つ目は、季節ごとの牛糞の熱量の計測である。

6-2-1　牛糞炉を使った燃焼実験

　調査地で実際に使用されている牛糞炉を使って、4つの燃焼実験を行い燃焼効率を計測した。実験1では牛糞を用いた際の中型の牛糞炉における炉内の温度上昇について、実験2でも牛糞を用いた際の小型の牛糞炉における炉内の温度上昇について比較した。実験3では石炭を用いた際の小型炉における温度上昇を計測し実験2と比較した。実験4では中型炉における水温の上昇についての検証を行った。これらの燃焼実験は同じ標高（4,100m）で実行した。使用している牛糞はすべて2016年冬のものであり、牛糞炉は鉄製の牛糞炉を使っている。それらの実験方法と結果を**表25**、**表26**にまとめている。

　実験1と実験2には同じ重さの牛糞を使っている。最高温度は中型炉で861℃、小型炉で1,100℃となった。小型炉は1,000℃以上を6分間持続していた。中型炉は36分で最高温度に至り、小型炉は27分で最高温度に達した。また、牛糞炉の温度が200℃まで下がるのは、中型炉では83分、小型炉では53分であった。この2つの結果の比較から、牛糞炉はサイズが大きいほど最高温度に達するまでに時間かかり、最高温度が低くなるということがわかった。その一方で、サイズが大きい炉は温度が下がりにくいということもわかった。

　実験2と実験3は同じ小型サイズの牛糞炉で行い、牛糞と石炭の2種類の燃料を比較した。牛糞は27分で最高温度の1,100℃に達し、石炭は23分25秒で最高温度982.4℃に達した。牛糞は石炭よりも最高温度に至るまでに時間がかかったが、最高温度は石炭よりも高

表25　牛糞炉における燃焼実験（牛糞炉の大きさと燃料の違いによる性能の違い）

		実験1 （燃料牛糞）	実験2 （燃料牛糞）	実験3 （燃料石炭）
牛糞炉のサイズ	長さ	155cm	75cm	75cm
	幅	55cm	45cm	45cm
燃料の使用量		牛糞 2,300 g	牛糞 2,300 g	石炭 2,300 g
燃料の最初の温度		15℃	16℃	14℃
炉内最高温度		861℃ （36分で861℃に 到達）	1,100℃ （27分で1,100℃ に到達）	982.4℃ （23分25秒で 982.4℃に到達）
炉内温度が200℃に 戻る時間		83分	53分	65分

※肥沃牧草地Bで同じ重さの牛糞を使って、異なるサイズの牛糞炉で燃焼実験を行った。実験1で使った中型の牛糞炉は、実験2で使った小型の牛糞炉と比べて炉内の最高温度は低いが、炉内が冷める時間は長い。また、小型の牛糞炉は、中型の牛糞炉と比べて炉内温度が最高温度に達するまでの時間が短く、冷めるまでの時間も早いことが分かった。実験2と実験3は同じ牛糞炉で行った。石炭の方が最高温度に到達する時間は早いが、牛糞の方が最高温度が高いことが分かった。また、炉内温度が下がる時間は牛糞の方がやや早いことが分かった。

表26　実験4　牛糞炉における燃焼実験（水の沸騰実験）

牛糞炉のサイズ	長さ	150cm
	幅	50cm
牛糞の使用量		2,525 g
水の最初の温度		14.7℃
水の重量		2,000 g
沸騰する温度		86.9℃
沸騰するまでの時間		1時間32分
最高水温		89.5℃

※肥沃牧草地Bで行った。実験4では水を入れる容器としてステンレス製のやかんを使用した。沸騰温度は86.9℃であったが継続的に加熱することで、89.5℃まで温度が上昇した。

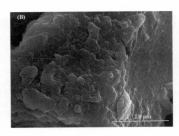

写真59　電子顕微鏡からみる冬の牛糞

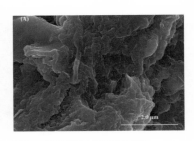

写真60　電子顕微鏡からみる夏の牛糞

かった。また石炭の方が、炉内が200℃に下がるまでの時間が長く、牛糞炉内の温度は持続されることがわかった。

　この実験に用いたのは石炭用の炉ではなく、牛糞炉であるため、石炭を十分に燃焼させきれていない可能性はある。またここでの実験は、あくまでチベットの家庭の中で燃料として石炭を使用した場合と牛糞を使用した場合の比較である。しかしこの結果は、同じ条件の牛糞用の炉で燃やしたときには牛糞は石炭と比べて最高温度も高く、目の前の家畜が排泄する牛糞と、現金で購入しなければならない石炭が、燃料としてほぼ同等の能力であるということを表している。ここから牛糞の燃料としての有用性がわかる。

　実験4では中型炉において2,000gの水を沸かし、沸騰するまでの時間を記録した（**表26**）。実験に使う水は常温である14.7℃のものを使用し、容器にはステンレスのやかんを使用した。気圧が低いため水が沸騰したのは温度86.9℃の時点で、沸騰するまで1時間32分かかった。継続的に加熱し続けると、水の最高温度は89.5℃に達した。

6-2-2　牛糞の燃焼値の計測

　ここでは実際に牛糞を1kg燃焼させた場合に発生する熱量について調べ、木材を燃焼させた場合のデータと比較した。

　肥沃牧草地BのR家が収集した2017年の初夏の牛糞と2016年の冬の牛糞を用いて、季節ごとの牛糞の熱量を比較するための燃焼実験を中国広東省華南理工大学に依頼して行った。実験は実験室の酸素濃度を標高4,200mの環境に合わせて実施した。実験室で、2種類の牛糞を徹底的に乾燥させてから実験を行った。

　牛糞を40メッシュ（1インチ角の正方形を縦40×横40の格子で1,600に分割したサイズ）に細かく挽き、電子顕微鏡により観察する。

171

表 27　牛糞燃焼実験結果

夏の牛糞	10.122×10^3 kJ/kg
冬の牛糞	17.035×10^3 kJ/kg
杉	17.742×10^3 kJ/kg

※杉は湿量基準含水率 0% で計算
4,238kcal/kg=17,742.39kJ/kg

電子顕微鏡からみる冬の牛糞（**写真 59**）の表面は完全に緻密な構造
となっていて、明らかなひび割れがない。それに対して、初夏の牛
糞（**写真 60**）は凹みがあり、ところどころに穴があった。このよう
な形態が牛糞の酸化熱分解率に影響していると考えられる。

　実験の結果では初夏の牛糞の燃焼値は 10.122×10^3 kJ/kg となり、
冬の牛糞の燃焼値は 17.035×10^3 kJ/kg となった。冬の牛糞を燃や
す際に発生する熱量は初夏の牛糞より多いことがわかった。結果を
表 27 に示す。

　夏の放牧地に滞在する 6~9 月の 4 ヶ月間は夏の牛糞を利用する。
そのほかの月は本拠地に戻ると、牛糞垣にある冬の牛糞を使う。**表
8 および 9** に示したように、肥沃牧草地 B に暮らす R 家の牛糞の
使用量は 8 月の 1 日あたりの平均使用量が 42kg、月間使用量が
1,302kg、6~9 月までの 4 ヶ月間のうち 8 月の使用量が最も多かっ
た。6~9 月の 4 ヶ月間に使用した夏の牛糞の概算は 4,942kg、10~5
月の 8 ヶ月間に使用した冬の牛糞の概算は 12,575kg である。ここ
で、8 月は一年の中で最も暖かいにもかかわらず、牛糞の使用量が
多いのは、夏休みで子どもたちが帰ってきて、家族の人数が増えた
からである。

　表 28 は木材含水率に対する発熱量を表したものである。肥沃牧
草地 B に暮らす R 家の牛糞の発熱量を、含水率が 0% の杉に換算

表28 木材含水率に対する発熱量（低位発熱量）の関係

湿量基準含水率 （%）	乾量基準含水率 （%）	発熱量	
		（kcal/kg）	（kJ/kg）
0	0	4,238	17,742.387
5	5	3,954	16,553.421
10	11	3,673	15,377.0145
15	18	3,393	14,204.7945
20	25	3,113	13,032.5745
25	33	2,838	1,1881.287
30	43	2,561	10,721.6265
35	54	2,285	9,566.1525
40	67	2,010	8,414.865
45	82	1,735	7,263.5775
50	100	1,460	6,112.29

※乾量基準含水率とは、水分0まで乾燥させたときの木材の重量を100とした
場合の水の割合で、湿量基準含水率とは、その水を含んでいる状態の重量を
100とした場合の水の割合。（平成23年度 林野庁補助；地域材供給事業のうち
木材産業等連携支援事業／木材チップ等原料転換型事業／調査・分析事業報告
書／第2章 木材チップの含水率/2-3を元に作成）

表29 R家の毎月の牛糞使用量の木材換算

月	牛糞（kg）	換算	木材重量（kg）	木材体積（㎥）
1	2,015		1,934.7	4.3
2	1,820		1,747.4	3.8
3	1,550		1,488.2	3.3
4	1,050		1,008.1	2.2
5	1,085		1,041.7	2.3
6	1,200		684.6	1.5
7	1,240		707.4	1.6
8	1,302		742.8	1.6
9	1,200		684.6	1.5
10	1,240		1,190.6	2.6
11	1,800		1,728.2	3.8
12	2,015		1,934.7	4.3

※木材は杉を使用し、木材のエネルギー換算は発熱量4,238kcal/kg、含水率
0%で計算した。木材の質量と体積の関係は1t = 2.2㎥（「木材チップの換
算係数 - 全国木材チップ工業連合会」林野庁2020）を使用した。

して計算し、R家が2017年の月ごとに使用した牛糞は木材に換算するとどれほどの量かを概算で算出してみた（**表29**）。これはあくまでも理想値であって、実際には40メッシュに分割された含水率0%の牛糞や、含水率0%の杉を燃焼させることはない点に留意すべきではあるが、仮にR家の牛糞の使用量を理想的な含水率0%の牛糞と含水率0%の杉に置き換えると、夏の牛糞4,942kgから得たエネルギーは絶乾重量で約2,819.4kgの完全乾燥された杉を燃焼して得たエネルギーと同等であり、冬の牛糞12,575kgから得たエネルギーは絶乾重量約12,073.6kgの杉を燃やしたのと同等である。R家の2017年における年間に使用した牛糞は絶乾重量で約14,893kg（32.8m³）の杉を燃やしたのと同等である（**表24**）。牛糞は使用しなければ廃棄されるだけのものである。そしてもし他の燃料を使用したとすると、例えば牛糞の代わりに木材などを大量に燃やすことになる。さらにそれらの燃料を消費地まで運ぶためにも大量の化石燃料などが必要になる。これらの実験結果からわかるように、チベットの牧畜民にとっては燃料として牛糞が最も合理的な選択だと言えるのではないだろうか。

6-3　野生ヤクと家畜ヤクの関係

　乾燥高冷地Aと肥沃牧草地Bは、どちらも遊牧をしている地域であるが、ヒトとヤクとの関係はかなり異なっている。肥沃牧草地Bでは、ヤクを広い牧草地に放牧して、十分に草を食べさせる。夕方にはテントや家のそばの係留場に帰し、戻ってきていないヤクがいれば探しに行き、追い立てて係留場に連れ戻す。夜はロープで繋いだ状態にしている。夏の放牧地でも冬の放牧地でもヤクは同じように管理されている。それに対して、乾燥高冷地AのG家では、

所有しているヤクは6頭だけであるにもかかわらず、ヤクたちを管理している様子がほとんどない。ヤクの世話をすることもないし、ヤクを自分のテントのそばに集めることもしない。ヤクはG家の約40km²という広大な牧草地でほぼ野生のような状態で生活している。日帰り放牧とは異なり、1ヶ月に1回程度、テントのそばを通りかかるだけの状態である。所有するヤクの様子を毎日確認しているわけではないが、時々糞を拾いながら見回りしたり、放牧地の地形から、昼間なら牧草や水のある場所、夜なら風をよけることができる場所というように、ヤクのいる場所の見当はついているという。

　このように、肥沃牧草地Bに比べても乾燥高冷地Aにおけるヤクの飼い方は野生の状態に近いといえる。しかし、乾燥高冷地Aでも肥沃牧草地Bと同様にヤクの所有については明確にされていた。乾燥高冷地Aではヤクを飼うには牧草が不十分なこともあり、代わりに多くの羊が世話されている。

　乾燥高冷地AのG家でヤクを完全放牧のように飼っている理由としては、たとえ6頭でもヤクと羊を同時に放牧するには人手が足りないことがあげられる。一方で、あえて自由にさせ、野生ヤクと勝手に交配することを期待している可能性もある。

　乾燥高冷地Aでは野生ヤクと家畜ヤクを積極的に交配させる傾向がみられた。野生ヤクは気性が荒く、人間が手なずけることは不可能に近いが、家畜ヤクとして望ましい特性も持っているとされ、家畜ヤクの血統にその血を積極的に取り入れていると考えられる。たとえば李らによると、野性の雄ヤクと家畜の雌ヤクとの間に生まれた第1世代のヤクは寒さに強く、また、純粋な家畜ヤクの子どもに比べて、生まれてから自分の脚で立ち上がるまでの時間や、母ヤクの乳を飲み始めるまでの時間が短い。これによって野生動物に襲

われる危険性も低くなる。このように野生ヤクと家畜ヤクの交配第1世代のヤクは生存能力が高いという特徴を備えているという［李ら 2005］。

　一般に家畜化により動物は脆弱になり短命になることもあるが、それでもなお気性がおとなしくなるように交配されていく傾向がある。その結果、ヒトが管理や飼育をしやすい特性を持ち、野生種の特徴から離れていく。

　ではなぜ乾燥高冷地 A では野生種の特性を取り入れているのだろうか。理由の 1 つには、病気にかかりにくくさせることがあげられる。肉や皮を提供する家畜であれば、ある程度の年数で死亡しても利用価値があるが、チベット高原の遊牧民にとってヤクは燃料を供給してくれる存在である。そのため、ヤクをできるだけ長生きさせることが重要である。乾燥高冷地 A はチベット高原のなかでも標高が高く、ヒトだけでなく家畜ヤクにとっても厳しい環境であると考えられる。事例で語られた「病気にかかりにくい」とは、寒冷で乾燥しウイルスや細菌による感染症が少ないチベット高原の気候を考えると、病気に対する耐性というよりは、高地に適応した身体的能力のことを指していると考える方が妥当である。

　このように、乾燥高冷地 A で家畜ヤクに野生ヤクの特性を取り入れようとしていることと対比させると、家畜としてヒトによってチベット高原に連れて来られたウシにヤクの特性を取り入れるために交配されている例が都市近郊農村 C のンガブルンであると考えることもできるのではないだろうか。

6-4　生活のなかでの資材としての利用

　チベット高原における標高が 4,000m 以上のところでは木材がほ

とんどないため、燃料資源と同じように、加工に適した建築資材などの資源も乏しい。ここでも牛糞は優れた建築材として利用されている。筆者の調査地のなかで最も牛糞資源の豊富な場所は肥沃牧草地Bであったが、そこでは様々なものをつくりだす素材として牛糞が利用されていた。

　肥沃牧草地Bのように牛糞を多角的に利用するには、まず、牛糞の量が十分であることが必須の条件となる。乾燥高冷地Aでは燃料としての牛糞も十分とはいえず、ほかの目的で利用することはほとんど選択肢としてない。また、近代都市Dは生活のなかで牛糞を拾う機会はなく、現金で購入するものとなっているうえ、牛糞以外の資源が豊富に手に入るので、身近な資材として活用されることはほとんどない。また、都市近郊農村Cでは肥沃牧草地Bと同様に十分な牛糞があるが、牛糞を資材として活用するよりは牛糞を換金して、手に入れた現金でさまざまな資材を購入することが選択されている。以上のような理由から、調査地のなかで最も牛糞を多角的に活用しているのは肥沃牧草地Bであった。

　肥沃牧草地Bでは、牛糞の加工方法が多様で、乾燥しやすいように小さくちぎったり、団扇形に薄く広げたりしていた。冬は牛糞を積み上げて、それらを柔らかい牛糞で固めて牛糞垣をつくることで、乾燥を兼ねた効率の良い保管を行っていた。肥沃牧草地Bでは豊富な牛糞を様々に活用し、水を加えて柔らかくした牛糞をセメントの代用にしたり、冬は凍った牛糞で食肉貯蔵庫や極寒期に眠るための仮小屋を作ったり、季節や目的に合わせてさまざまな工夫を凝らして利用している。彼らは小さい頃から牛糞を身近な素材として、粘土のようにしておもちゃを作ったり、ソリを作ったりして、遊びの中で日常的に触れることで牛糞についての知識や技術を身につけていると考えられる。

また、人々の知識は、牛糞そのものの特性についてだけにとどまらず、燃料として燃やしたあとの灰にも注目している。灰には炎症を抑える作用や吸水性があることに着目して、生活のなかに取り入れていた。

6-5　富と命の象徴

　ここまで述べてきたようにチベット高原では牛糞は重要な燃料であると同時に、生活のなかでさまざまな場面に活用できる身近な資材である。やがてそこから儀式や儀礼のなかで象徴的な意味が付与されるようになった。手に入る牛糞の量や使われ方に地域差があることから、象徴的な位置づけには地域ごとに多様な違いがみられる。この節では、牛糞の象徴的な意味について地域差に配慮しながら分析を加えていく。

　近代都市Dでの結婚式と同じように、都市近郊農村Cの結婚式では、結婚式会場である花婿の家の入口に1袋の牛糞と水が置いてある。牛糞は水よりも上座に置いてある。ここから、チベット高原における生活では水が重要であることはいうまでもないが、それ以上に燃料である牛糞が重要であることがわかる。都市近郊農村Cの結婚式に特徴的な牛糞の使われ方は、姑から花嫁へ牛糞を渡す儀式があることだった。嫁ぎ先の家に着いた花嫁が、その土地に降り立つと、まずはじめにバンデンに牛糞を入れるという儀式がある。牛糞を渡すことによって家事の権限を渡し、家を守る役割を引き継ぎ、財産の管理を任せる。つまり、家の繁栄を任せるという意味があるとのことであった。さらに、この儀式を最初に行うことは、牛糞の収集が家事の最優先事項であることを意味していると考えられる。牛糞がたくさん必要であるということは、調理のための食材が

豊富にあることを意味している。また、友人が多く人脈が豊かで、毎日のように来客をもてなす必要があるということも意味している。このように、経済的にも人付き合いの点でも家が豊かに繁栄しているということを表しており、そこから牛糞は富の象徴とされていることがわかる。

　結婚式と同じく新生活をはじめる機会である引越しでは、牛糞を薄絹で包んで家に持って入ることと、牛糞炉の火入れ儀礼が最も重要なこととされている。薄絹に包まれている牛糞を新居に持ってくることで、富を新居に運んできたことを表現しているといわれている。牛糞炉の火入れ儀礼が終わると、儀式上の引越しは終わり、家具などの運搬作業が行われる。新居に正式に入居する初日は必ず家の牛糞炉で火を起こす。牛糞炉がない家では、金属の入れ物で牛糞を燃やし、新しい生活の始まりを表している。このような牛糞を運び入れることと牛糞炉の火入れ儀礼については日取りをラマに決めてもらうが、家具などの生活用品を搬入する日取りはそれほど重視されていない。新居に入居する初日に必ず牛糞を燃やすことからも、牛糞と牛糞炉の重要性がわかる。

　次に、2010年前後から近代都市Dだけにみられはじめた新しい習慣として、高級チベット式料理店の前に牛糞を飾るという行為があった。このような店舗で牛糞が実際に燃料として使れることは少なく、他民族の観光客に向けてチベットのイメージを演出し、牧畜文化を強調する役割を果たしているといえる。また、積み上げられた牛糞はたくさんの来客があり、多くの燃料を使って調理しなければならないことを表現している。すなわち、商売が繁盛している店舗であることの象徴にもなっている。

　また、近代都市Dと都市近郊農村Cでは、進学祝いの際にも宴会の式場に牛糞が飾られる。子どもの進学の際に宴会を催すことも

2000年前後からみられるようになった新しい習慣であり、都市近郊農村Cでは近代都市Dの影響を受けて始まったといわれている。子どもがチベット地域から出て高校へ進学することは、将来の就職と安定した地位や高収入が期待されることであり、ひいては家の繁栄が期待されることである。その祝いの席に牛糞が飾られることも、牛糞を富の象徴として捉えていることの表れといえる。

　事例が示すように、牛糞は富の象徴としてお祝いの会場には欠かせない。ヤクを多く所有していない家庭でも、勤勉な主婦は自分の家の山や牧草地で落ちた牛糞をたくさん拾う。そのため、牛糞が多いことは財産としての家畜の数が多いという意味だけではなく、主婦としての勤勉さをも表している。ここでは家畜ヤクの数ではなく、牛糞の量の多さが富の象徴となっていることに注目しておきたい。事例を通して、お祝いの場面で薄絹を巻いて飾られているものはあくまでも牛糞であり、ヤクそのものやヤクを象徴するようなものではないという点を強調しておく必要がある。

　都市近郊農村Cの結婚式において、牛乳の桶を持たせるという儀式は、たくさんの乳が搾乳できるようにという願掛けであるが、この儀式の前に、まず牛糞をバンデンに入れる儀式を行うという順序からは、チベット高原では食料よりも燃料が最優先であることを意味していると考えられる。都会での結婚式ではこれらの牛糞を渡す儀式と牛乳の桶を持つ儀式はない。都市近郊農村Cと同じように近代都市Dでも結婚式の会場に牛糞を飾るが、都会暮らしのなかでは牛糞を拾うことも搾乳することもないため、実際的な意味は失われている。そのため、近代都市Dでは結婚式の会場の祭壇のそばに牛糞を置くようになり、象徴的意味だけが強調されるようになっていると考えられる。

　都市近郊農村Cでは、子どもが生まれた際に、家の玄関や敷地

の入口に新鮮な牛糞を飾るという習慣がある。飾り方には一定の決まりがあり、その牛糞を使って何かを燃やすというような実用的な要素はなく、儀礼的な意味の強い行為といえる。牛糞は燃料としての役割ではなく牛糞そのものが重要なのである。牛糞は生命の維持と直結した重要な存在であり、それを誕生の際に飾るということは、牛糞が命の象徴として活用されている事例だと考えられる。また、このとき牛糞の装飾にツァマと呼ばれる植物が使用されるが、牛糞とツァマはそれぞれ、穢れを防ぐ力を持つと考えられている。出産は母胎にとっても新生児にとっても命の危機であり、ここから新しい命を穢れから守るという意味が読み取れる。その一方で、近代都市Dでは病院での出産が増え、新生児が自宅ではなく病院におり、すぐに新鮮な牛糞を手に入れることが難しいことから、この習慣を続けることが困難になっている。

　人が亡くなったときにも牛糞が使われる。葬儀では、ツァスルと呼ばれる死者への供物を焚くときの燃料として牛糞が使われる。これは出産の祝いと違い、チベット高原のほとんどの地域で同様な習慣がみられる。牛糞は低い火力で長時間燃焼することから、葬儀や一連の儀式の間、安定的にツァスルを焚くことができるという実用的な側面を持っていることがわかる。また、牛糞が手に入りにくくなった都市でも使用されていることから、単に実用性だけではなく象徴的意味も重視されていることがうかがえる。高松が指摘するように、葬儀はまさに人の命の終わりであると同時に死者としての始まりでもある［高松 2019］。牛糞が死者への供え物のために使われることもまた、生命力や生きることを象徴している存在として捉えられているからではないだろうか。

　このように、命を象徴する牛糞は、年末の料理であるグトゥクのなかに他の縁起物と同じように入れられ、そのうち最も縁起の良い

ものとされている。牛糞は最も重要な燃料であり、寒冷地であるチベット高原で燃料がなくなることは命の危機と直結する。そのため、牛糞は燃料であると同時に命を象徴するような使われ方をしている。

　事例からは多くの場面で牛糞を縁起ものとして使っているのは、主に牧畜生活から離れて都会に住んでいる人々であることがわかる。彼らの日常生活では、牛糞がなくても生活にそれほど困るわけではない。ときおり暖房用に牛糞を使うことはあるものの、電気やガスなどの社会基盤が整いつつあり、牛糞が手に入らなくても暖房や食事の準備などに必要なエネルギーを得ることができるようになってきている。それにもかかわらず、お祝いの際に必ず、縁起ものとしてひと袋の牛糞を飾るという乾燥高冷地Aと肥沃牧草地Bではみられない習慣がある。生活のなかで彼らが牛糞を手に入れる機会はなく、知人や親戚からの貸与や譲渡、あるいは現金での購入といった方法で入手される。そのひと袋の牛糞は彼らにとって、失われつつある遊牧生活、すなわち自分たちの来歴の記憶として、そこに飾られているように感じられた。

　このような変化の過程を印東は生態資源の象徴化という言葉で説明している。資源とはある生物もしくは物体が実際に利用するものをさしており、ここではヒトが利用するもの全般を資源と呼ぶ［印東 2007: 13］。

　牛糞はチベット人にとって重要な生態資源であるが、肥沃牧草地Bや都市近郊農村Cには豊富に存在する一方で、乾燥高冷地Aと近代都市Dでは不足しているという偏在がみられた。とくに近代都市Dでは牛糞を手に入れる機会がほぼ失われており、希少性が高まっているため、豊富に持っている都市近郊農村Cとの交易により手に入れるようになっている。近代都市Dではほかの地域と比較して、経済的には圧倒的に優位な立場にあるといえる。牛糞は

飲食店などでチベット人のアイデンティティを誇示する道具となっている印象を受ける。さらに、かつての富と生命といった牛糞の象徴的意味に加えて、チベット人のアイデンティティとしての象徴的意味も持つようになってきたとみることもできる。

　近代都市Dのような都会では、若い世代を中心に象徴としての牛糞にまつわる細かなルールや規範を気にしない人も増えてきた。それに対し都市近郊農村Cでは、牛糞を使った儀礼についてのルールや規範が意識されている。宴席での縁起ものとして利用するといったような、ある意味表面的な利用だけではなく、もう一歩踏み込んで、そこに込められた意味を理解して牛糞を活用しようという姿勢がみられる。彼らは生活のなかで牛糞と親密に接触している一方、都市と近いため、都市の人々が生活のなかで牛糞から離れつつあるのを目にしている。そのため、都市の影響を受けた都市近郊農村Cの人々が増えることにより牛糞文化が消滅することを危惧し、牛糞文化の伝統を維持しようとする傾向があるのではないかと考えられる。加えて、彼らは都会で牛糞を販売することによって収入を得ているため、牛糞文化が失われると収入源も失われるという危機感があることも、儀礼での牛糞の重視に関連していると思われる。

　それに対し乾燥高冷地Aと肥沃牧草地Bでは、結婚式に牛糞を飾ったり牛糞や乳を引き継ぐ儀式をしたりせず、引越しの際の火入れ儀礼もしない。乾燥高冷地Aでは、資源が乏しく、燃料は常に逼迫しており、儀礼に使用するほどの余裕がないことがひとつの原因である。すなわち、牛糞はすべて生態資源として利用され、象徴資源として利用する余裕がないといえる。調査期間中に筆者が確認できたのは、G家でチベット仏教の祈祷旗であるタルチョーの張り替えの際に、燃やした牛糞の上で粉香を焚いているところだけであった。この行為から、タルチョーの張り替えが重要な宗教行事であ

ることと、その重要な宗教行事には牛糞が欠かせないことがわかる。また、この地域でも牛糞炉についての禁忌はみられる。

肥沃牧草地 B は、生態資源としての牛糞利用が最も多様な地域である。たとえば来客が多い新年には煙があまり出ない天然牛糞を使ったりする。また、水分の少ない秋の牧草を食べたヤクの糞には大量の草繊維が残っており、よく乾燥しているので、質の良い天然牛糞が手に入る。そのため、新年の期間や大事な来客の際には、そういった質の良い牛糞を選んで使うこともある。儀礼的な利用として、サンを焚く際には、火をつける材料として牛糞を使わなければならない。このように儀礼のために牛糞を全く使用しないわけではないが、この地域では、特に牛糞の生態資源としての活用がほかの地域と比較して多様性に富んでいた。生態資源としての日常性が、かえって象徴資源としての利用の機会を減らしているこの現象は非常に興味深い。

6-6　それぞれの地域の特性

ここまでみてきたように、チベット高原での生活のなかで牛糞は、有用性の高い燃料であり、生活のさまざまな場面で活用できる資材であり、富や生命を象徴する存在であった。これらの特性を持つ牛糞が、それぞれの地域でどのように人々の生活のなかに存在しているか、地域差を最後にもう一度整理しておきたい。そしてその違いは、生態資源が象徴化されていく過程と対応させることができる。

乾燥高冷地 A では牛糞が不足しており、燃料としての活用を優先することから、燃料以外での利用は難しい。子どもたちも熱心に牛糞を拾うくらいである。

肥沃牧草地 B では牛糞の生態的活用が一番多く、一方で牛糞の儀

礼化、牛糞炉への禁忌は一番軽い地域となっている。牛糞の特性についての知識と加工技術が発展しており、豊富な牛糞資源をすべて利用することはなく、廃棄することもある。子どもたちは牛糞を使って滑り台やソリをつくって遊ぶ。

　都市近郊農村Cは農耕と放牧を営んでおり、肥沃牧草地Bと同じように牛糞はふんだんに手に入るが、都市部との交流が盛んであるため、自分たちは牛糞を活用して生活しつつも、できるだけ近代都市Dでの換金分にまわしている。牛糞が失われていく様子を目の当たりにするという状況下で、象徴資源としての牛糞の価値を理解し、儀礼的な活用に熱心である。また、牛糞は換金物として収入のなかで大きな割合を占めている。ここでは、子どもたちが牛糞に親しんで遊ぶこともない。

　都市近郊農村Cと近代都市Dでは、牛糞と現金の偏在によって交易が行われている。近代都市Dでは人々の居住地から牛糞のある場所までの距離が遠く、牛糞以外のさまざまな素材を手に入れることができるため、牛糞の多角的な利用を必要としていない。しかし、肥沃牧草地Bとは対照的に、牛糞と最も離れて生活しているにもかかわらず最も盛んに儀礼的な利用がされていた。子どもたちは牛糞への親しみがなく、むしろ大切なもので触れてはいけないものだと思っている。近代都市Dでは生業としての牧畜から離れており、都市近郊農村Cでは牛糞文化の存続が収入源の確保に直結しているため、よりいっそう牛糞文化を継続させ盛り上げていこう、牛糞に付加価値をつけていこうという意識がはたらいているのではないだろうか。そのため、都市近郊農村Cと近代都市Dの間では、チベット人が遊牧民であるという自分たちのアイデンティティが強く意識されているのかもしれない。

　各地の特徴をみていくと、現金と交換で牛糞を手に入れる地域で

は、生態資源としての価値よりも象徴資源としての価値が重視され、さまざまな意味が付加されるようになり、富や命の象徴として一層神聖さが強調されるようになっていることがわかる。また、チベット遊牧民のルーツの象徴として、その歴史的な意味も強調されている。

第7章 考察

　以上でみてきたようなチベット高原の人々と牛糞との関係を歴史
的に4段階に分けるとすれば、4つの地域をそのモデルとして対応
させて考えることができるのではないだろうか。第1段階は、人類
が資源のない高原に適応し始めた頃で、人類はヤクに近づき、ヤク
から燃料である糞を得て生活している。これを乾燥高冷地Aに対
応させてみる。第2段階は、ヤクの家畜化に成功し牛糞を安定的に
手に入れることができるようになった段階である。牛糞を飛躍的に
大量に得ることができるようになり、あらゆることに資材として牛
糞を利用することができる肥沃牧草地Bに対応させて考えてみる。
第3段階は、牛糞が交易の対象となり換金物として利用されるよう
になった段階で、都市近郊農村Cに対応させてみる。第4段階では、
人々の生活が牧畜から離れ牛糞は購入するものとなり、象徴的意味
が重視されるようになる。これを近代都市Dと対応させてみる。

7-1　第1段階　チベット高原での人類の適応
　　　（乾燥高冷地A）

　はじめに、人類がチベット高原に適応するために、動物をどのよ
うに利用し始めたのかについて、乾燥高冷地Aの事例をもとに考
察する。チベット高原は森林限界を超えた高地であり、寒冷で乾燥
した地域である。このような地域で人類が生存するためには、標高
の高さによる低酸素状態への適応と、低温への適応の2点が課題と
なる。

低酸素状態への適応について、Huerta-Sánchez らの研究では、チベット人が EPAS1 遺伝子の変異により、低酸素状態でもヘモグロビンの過剰な生成を抑えることができ、高血圧症や新生児の低体重や死亡につながる症状を防ぐことができるとしている。その変異はデニソワ人由来であり、デニソワ人との交配で受け継いだ特性であることが明らかとなっている。この遺伝的特性をチベット人の87% が持つことで、チベット人は生理的に高地の低酸素状態に適応することができた［Huerta-Sánchez et al. 2014］。

　これに対して、もう 1 つの課題である低温への適応については生理的な特性による適応の証拠はみられていない。すなわち、チベット高原で生存するためには、何らかのエネルギー源から熱を得ることが必須である。森林限界を超えた高地では、樹木や草は燃料として使用できるほど十分には手に入らない。そういった地域では動物の糞が燃料として活用される。考古学者の Rhode らの研究によれば、青海湖の近く、標高 3,200m で発見された 9,000 年前頃の遺跡である Heimahe 3 遺構では、動物の糞が燃料として使用されていたことがわかっている［Rhode et al. 2007: 216］。本書の調査により、現在でもチベット高原では動物の糞が利用されていることがわかった。なかでもヤクの糞はゆっくりと燃えて安定した燃焼が長時間持続し、ほかの動物の糞に比べると暖をとるのにすぐれている。チベット高原にやってきた最も初期の人々が、大きくて収集しやすく燃料として扱いやすい野生ヤクの糞に着目したことは自然なことといえる。

　家畜化が開始される以前の狩猟採集の時代に、必須のエネルギー源である牛糞を人々はどのようにして手に入れたのだろうか。野生ヤクは群れで生活し、夜は風をさける場所に集団で宿営する。そして早朝に宿営地で糞を排泄し、その後宿営地を出発し思い思いに牧

草を食べながら群れで移動し始める。すなわち、野生ヤクの群れの宿営地のそばで野生ヤク達が宿営地から離れるのを待っていれば、大きくて気性の荒い野生ヤクと接触することなく糞を入手することができるのである。チベット高原の野生動物の研究者である連新明氏によれば、連氏はフフシル（可可西里）の奥地に野生ヤクの集団宿営地をみたことがあるという。ちょうど早朝で、野生ヤクの群れが宿営地から出た直後だった。宿営地に排泄された、まだ湯気が出ている大量の糞を目撃したと語った［筆者へのWeChat、2020年3月6日］。しかし、チベット高原の冬は寒さが厳しく、牛糞を探して歩き回ることは難しい。また、そのように牛糞を見つけることができたとしても、すでに凍っている牛糞ではそのまま燃料として使うことができず、何らかのエネルギーを使って解凍し、乾燥させなければ使用できない。つまりこの方法では、冬期に燃料として使える牛糞を手に入れることは難しい。乾燥高冷地Aでは現在でも、冬期に燃料として収集できる野生動物の糞は少なく、G家では秋までの間に集めていたものを備蓄しておき、それらと家畜の羊の糞をあわせて冬の燃料としていた。以上のことからチベット高原にやってきた初期の人々は、暖かい季節は高地で狩猟採集生活を行い、冬は低地に移動し、再び暖かくなってから高地に戻るという暮らしをしていたのではないかと考えられる。なぜなら、彼らが家畜を所有していなかったとすれば、冬の燃料が絶対的に不足するはずだからである。

　また乾燥高冷地Aでは、チベット高原のなかでも乾燥していて寒冷な地域であるため、ほとんどの場合、収集した時点で牛糞は乾いたり凍結したりして既に形が固まっている。固まった牛糞を加工するためには水を加えて柔らかくする必要があるが、乾燥高冷地Aでは水も不足していることや、加工して保管する必要があるほど多

くの牛糞を拾うことができないことから、乾燥高冷地 A では、牛糞を集めても加工していない。牛糞の加工は早く乾燥させることを基本とし、保管する際に積み上げやすい形にしたり、おおよそ同じくらいのサイズに整えたりすることが主な目的である。すなわち、はじめから乾燥していたり保管場所に困っていないならば、燃料として牛糞を使うために必ずしも加工をする必要はなく、もともとは加工していない牛糞をそのまま使用していたと考えられる。その後、野生ヤクが家畜化されるようになると、より多くの牛糞をヒトが住んでいる場所のそばで確実に手に入れることができるようになった。そうして牛糞を備蓄することができるようになり、保管の必要性が出てきたときに、加工をして成型されるようになったと考えられる。

　乾燥高冷地 A でのヤクの飼い方は、第 1 段階のヤクとヒトとの関係に近い。羊は放牧して管理しているが、ヤクについては所有権はあるものの、ほとんど野生のような状態で牧草地のなかで自由に過ごさせている。牧畜技術を持つ以前の人々も同じ様に野生ヤクの群れのそばで生活しながら、その群れに対しての所有権をほかの集団に対して主張していたかもしれない。乾燥高冷地 A でみられたこのような飼育の仕方では全く搾乳することはできず、ヤクから日常的に手に入れられる資源は糞に限られている。このことからも、チベット人が野生ヤクから最初に入手した資源は糞であり、その後、ヤクの飼育に適した牧草が豊かな地域で、ヒトがヤクを家畜化していき、毛や乳なども入手できるようになったのではないかと考えられる。

　Rhode らは、野生ヤクの糞の燃料としての有用性を感じた初期のチベット人が、野生ヤクの群れのそばで生活するようになり、そのうちにヤクの特性についての知識を深め、ヤクと共に生活し、ヤクを馴化させ、捕獲・分離し、最終的に家畜化に成功したのではな

いかと指摘している［Rhode et al. 2007］。このように第1段階では、資源のない高原で、人類は燃料となる牛糞を求めるためにヤクに接近して生活している。この段階では、野生ヤクは馴化されているが家畜化される前段階といえる。

　第1段階では、牛糞は生態資源としての側面が強い。牛糞は、チベット高原での生存のために非常に重要な資源であるため、牛糞炉に対する禁忌のようないくつかの象徴的意味が付与されてはいるが、生態資源としての役割が大きい。チベットの人々が野生ヤクの糞を利用してきた歴史の痕跡は、牛糞を象徴的に利用する際に現れている。都市近郊農村Cや近代都市Dの儀式や儀礼では、天然の牛糞であることが重要だとされていた。天然であることが持つ象徴的意味には、最も古い時代のチベットの人々と牛糞の歴史的な経緯が表されているのかもしれない。牛糞は、加工されれば単なる便利な燃料のひとつ、つまり生態資源になってしまうが、加工されていない天然牛糞は、チベット人にとって、かつて野生ヤクの糞を拾って暮らしていた祖先たちを象徴する、言い換えるなら彼らの歴史の象徴という価値を持つ重要な象徴資源の側面が大きいのではないだろうか。

7-2　第2段階　ヤクの家畜化（肥沃牧草地B）

　2段階目を、人類がヤクの家畜化に成功し、持続的に安定して豊富な牛糞を得た段階として考えてみる。先に述べたように、チベット人はヤクの群れと共に暮らし、ヤクを捕獲したり管理したりできるようになる以前から、ヤクの糞を燃料として使用していたと考えられる。そうしてヤクを観察し、ヤクの性質についての知識を深めたことと、羊などのヤクよりも小型の家畜動物と、牧畜の技術を手

に入れていたことから、次第にヤクも家畜化されるようになっていったと考えられる。その結果、牛糞を今まで以上に大量に手に入れることが可能になり、効率よく保管する技術が生まれた。燃料としてより使いやすいように加工していくなかで、牛糞の素材としての特性についても知識を深め、生活のあらゆる場面で使用できるようになっていったのである。

　肥沃牧草地 B では、十分な数のヤクを飼育し、ヤクの飼料となる牧草が多く生えていることから、手に入る牛糞の量は多い。しかし肥沃牧草地 B では、牛糞を販売し換金できる県政府所在地の街までの距離が遠いため、販売することはない。自家用に利用できる牛糞がふんだんに存在するため、建築資材や子どものおもちゃをつくるための素材などとして、さまざまに活用されている。建材として使う場合には、小さくつくると強度を保ちやすいが、食肉貯蔵庫や冬越しをするための小屋としての機能を果たすことができない。反対に、大きくつくりすぎると強度が保てず、少し気温が上がっただけで小屋が崩壊してしまう。このような試行錯誤を重ねて、肥沃牧草地 B では素材としての牛糞を活用するための、牛糞の特性に対する高度な知識と技術が発達していった。

　さらに牛糞垣をつくる技術により、冬の本拠地にいる間の家畜ヤクの防風壁の役割を果たしながら、良質な冬の燃料を保存することができるようになる。冬の朝に排泄されたヤクの糞を収集し、積み上げて防風壁をつくり、冬の乾燥した強い風で水分を飛ばし、効率よく乾燥させる。翌年の冬、再び冬の本拠地に戻ってきたときに前年つくった牛糞垣を燃料として利用しながら暮らすのである。

　そのほかにも、牛糞を燃やした後の灰が消化不良や炎症を抑えるための薬の代わりに使用されていたり、生理用品として使用されていたりという興味深い事例がみられた。さらに、灰は畑の虫よけと

しても使用されており、冬のヤクの係留場の殺菌にも使われている。ここからチベットの人々が灰に抗菌や殺菌、殺虫の効果を見出していることがわかる。これらの使用方法は、必ずしもまじないのような宗教的・象徴的な意味ではなく、実際的な薬効が意識されていた。この地域の人々は、ほかの地域と比べ牛糞についての知識が豊富であり、資材として活用するための多くの技術を身につけている。

　このように肥沃牧草地Bでは、牛糞を燃料として使うなかで、その素材としての特性についての知識が増え、加工する技術も身につけた。さらに、燃やした後の灰もふんだんに手に入ることから、灰の活用もされるようになった。加えて、牛糞の質を重視するようになり、糞を選別し、豊富な燃料を贅沢に燃やすようになる。この段階では、牛糞が十分にあり、かつ日常生活のさまざまな場面で活用されていることから、あえて象徴的な意味を持たせることは少なく、むしろ日常的に使われるなかで牛糞に対する親しみや重要視をする態度が育まれていく。牛糞に対する知識が深まり、加工の技術が発展し、生態資源としての価値が高まっている。しかし今後の都市生活の発展により、広い地域で牛糞の使用のあり方が変化していくことも予想される。たとえば、南加太によれば肥沃牧草地Bの近隣地域に、牛糞を販売用に加工する工場が建てられていた［南太加 2018］。このような機械化や商業化の影響により、これまで家庭内で行われていた手作業による加工技術が、将来的には失われていくことも考えられる。

7-3　第3段階　交易の対象としての牛糞
　　　（都市近郊農村C）

　3段階目は、生態資源が交易の対象となり、人々の生活のなかで

の利用に換金物としての利用が加わった段階である。この段階は、牧畜生活から都市生活への過渡期であり、一部の人々は生業としての牧畜から離れて都市での生活が始まる。

　次節で述べるように牛糞の象徴資源としての価値がさらに高まっていった近代都市Ｄと、生活に密着した生態資源としての価値が高い肥沃牧草地Ｂの中間のような存在が都市近郊農村Ｃである。都市近郊農村Ｃでは牧畜が営まれているために、肥沃牧草地Ｂと同様にふんだんに牛糞を手に入れることができる。それと同時に、都市近郊農村Ｃの人々は近代都市Ｄに比較的近いために、近代都市Ｄに住む人々が牛糞を手に入れられないことを知っている。また、牛糞の象徴資源としての価値が高まっていることも知っている。それらの要素により、都市近郊農村Ｃの人々は牛糞を近代都市Ｄで販売するという交易が成立するのである。牧畜生活から離れ、日常生活のなかから牛糞を失うと同時に経済力をつけた近代都市Ｄと、未だにふんだんな牛糞を持っている都市近郊農村Ｃという、資源が偏在している２つの地域が近接しているからこそ、牛糞が換金物になりえるのである。

　都市近郊農村Ｃも肥沃牧草地Ｂと同様に手に入る牛糞の量は多いが、都市近郊農村Ｃの場合、かつて日用品として使用されていた牛糞は商品となり、ふんだんに使うことができなくなっている。質を選別せずにすべての牛糞を加工し、なるべく換金物として利用し、家計の一部をまかなうようになっていた。この段階では、第２段階よりも象徴的な意味を重視し始める。それは牛糞文化が失われていくことが、自分達の文化が失われることと、換金物としての価値が失われることの両方を意味しているからだと考えられる。そして、次節で述べる近代都市Ｄにおいて進む都市化のなかで、生態資源としての牛糞の価値が失われていることを目の当たりにしてい

るからこそ、象徴資源としての価値を強調するのではないだろうか。そのような態度から、自分たちの文化を守ろうとする思いと、近代都市 D で牛糞の象徴資源としての価値さえ無くなると換金物としての牛糞が失われてしまうという思いの、2 つの焦燥感を読み取ることができる。この段階では、生態資源の意義が失われているわけではないが、象徴資源としての意義が強調されていく。

7-4　第 4 段階　都市化による影響（近代都市 D）

　最後の第 4 段階は、人々が牧畜生活から離れ牛糞は購入物となった近代都市 D の段階である。近代都市 D では、電力やプロパンガスといった牛糞以外のエネルギー源が手に入りやすくなったことと、遊牧地と違い人々が密集して生活しているために牛糞を燃料として使うことが環境に負荷をかけるようになったとされることから、日常のエネルギー源として牛糞が選択されることが少なくなってきた。また、近代都市 D では牧畜を営む人はほとんどおらず、牛糞を手に入れることは難しくなっている。

　このように、生活が牛糞から離れてしまうと、肥沃牧草地 B の人々が持っているような牛糞に対する知識や技術は失われてしまう。牛糞は交易により入手され、貨幣経済のなかに取り込まれてしまう。しかしかえって、実用的なことから離れた象徴資源としての側面が強くなり、儀式や宴席で恭しくあつかわれる対象になる。近代都市 D では、普段は牛糞を使っていないからこそ、人生の節目ではあえて大仰に牛糞を飾り、その存在をアピールしている。牛糞はもともと燃料であり、燃料が多いということはそれを使って料理をし、暖をとる機会が多いということを示していた。すなわち、食材を豊富に持っていることや来客が多い、つまり人脈が豊かであることを示

していることから、富を象徴している。また、先に述べたようにチベット高原で生きていくためには、暖をとるエネルギーとして牛糞が必須であり、それがないことは命を失うことを意味していた。すなわち、牛糞は命の象徴である。それに加えて、牛糞を自分で収集し日常的に使う習慣を失いつつある都市部の生活者にとって、牛糞はチベット人の牧畜生活、そして牧畜民としての来歴を示す象徴にもなっている。そのため、チベット料理を提供する飲食店でチベットらしさを表現するために牛糞を門松のように飾ったり、見せかけの牛糞炉を設置するような新しい動きがみられるようになった。このような変化は、象徴資源としての牛糞に新しい意味が付与され、価値が高められていると理解できるのではないだろうか。

　第4段階では、牛糞はもはや、生活必需品とは言い難く、プロパンガスやそのほかのもので代用可能な存在である。しかし、長い歴史のなかで自分たちの命を支えていた牛糞の文化を失うことは、その文化基盤を失うことに等しい。そのため、富や命の象徴という非常に重要な意味を付与して、儀礼のなかで活用するようになったのではないだろうか。この段階では、牛糞の生態資源としての役割は失われていき、象徴資源としての役割に置き換わっていく。そして、その象徴的な意味をさらに強調し、新しい意味を付加することで、その価値を高めていく傾向がみられた。

第**8**章　結論

　今から約 2 万年前、チベット高原に上がって生活を営んでいた人
たちがいた［Zhang 2002］。彼らは一年のうちのある時期だけ、季節
的にチベット高原で狩猟採集をしていた人たちである。そして彼ら
は約 8,000 年前になると、周年定住しはじめる［Brantingham et al.
2007］。しかし、人類がチベット高原で暮らす上では 2 つの障壁が
ある。ひとつは低酸素環境であり、もうひとつは低温環境である。

　近年、チベットの白石崖溶洞からデニソワ人の骨が確認された
［Chen et al. 2019］。またチベット人にはデニソワ人と同じ、低酸素
環境でも生きていける遺伝子 EPAS1 を持っていることがわかり、
チベット人の高地適応との関連が話題となっている［Huerta-Sánchez
et al.2014］。チベットの人々はデニソワ人から低酸素適応遺伝子を
受け継ぐことで、チベット高原の低酸素環境という障壁を取り払う
ことができたのである。

　そしてもうひとつの障壁である低温環境に適応するためには、彼
らは何らかのエネルギー源を必要としていた。デニソワ人の発見さ
れたデニソワ洞窟からはマンモスの骨でつくられた高度な装飾品が
みつかっている［Derevianko et al. 2019: 103］。マンモスが生態資源、
そしておそらく象徴資源としても大きな存在だったため、デニソワ
洞窟に暮らした人々は当然マンモスの糞を燃料として使っていただ
ろう。Rhode はベーリング地峡を例に、燃料としてのマンモスの
糞を想定している。最終氷期最盛期のベーリング地峡の環境は、チ
ベット高原に似ていたと Rhode らはいう［Rhode et al. 2003］。寒冷
で乾燥し、森林限界を超えた高地であるチベット高原で、人類が生

きていくためには野生動物の利用は欠かせない。そのなかでもエネルギーとしての利用価値が高い動物の糞は、不可欠な存在だったのではないだろうか。

　燃料不足の悩みと牛糞探しの記述が頻繁にみられる Rockhill や河口慧海の日記を読んでもわかるように、チベット高原でヒトが生きることを考える場合、最も重要になるのは日々の燃料である牛糞を手に入れる手段であった。チベットの人々にとっては、牛糞が常に彼らの最大の関心事だった。現在のチベット高原での生活でも牛糞は生態資源として、そして象徴資源としても大きな存在である。

　本研究の調査地のうち、最も過酷な環境である標高 5,000m を超える乾燥高冷地 A では、多数のヤクを管理して飼育できるほどの牧草が十分に生育していない場所も多い。G 家では、家畜であるヤクを広大な牧草地のなかで野生ヤクのように、ほぼ放置していた。そのため、日々の燃料として使用する牛糞を効率よく収集することができない。牛糞は重要な燃料として利用されているが、それだけでは足りないため羊の糞や野生動物の糞、枯れ草までもが利用されるなど、日常的に頻繁に燃料の収集が行われていた。暖かい季節の間に冬越しのための貴重な燃料が蓄えられており、厳寒期に燃料不足に陥らないようにするために、普段から燃料の使用は極力我慢して節約していた。

　肥沃牧草地 B は牧草や川などの資源が豊富であるため、一家族で多数の家畜ヤクを飼うことや十分な牛糞を確保することができる。また、効率の良い乾燥や保管のための牛糞の加工技術が発達していた。牛糞の状態や季節により、牛糞が選別され使い分けられていることもこの地域の特徴であった。燃料以外にも多様な技術が蓄積され、建築素材や薬など、さまざまな利用形態をみることができた。牛糞は子どもの遊び道具としても利用され、子どもたちは幼い頃か

ら牛糞に触れ、その特性や加工技術に親しんでいた。

　さらに、都市近郊農村Cでは農業を兼業しており、使役動物として のヤクの利用がみられ、ウシと交配させたハイブリッドのンガブルンの利用など、おとなしくあつかいやすい従順性を有したヤクが好まれ、他地域に比べ、よりヤクの家畜化が進んでいる。そして都市近郊農村Cでは、すでに牧畜生活から離れた近代都市Dの住民のために、加工された牛糞を製造し販売するという経済的な流通をみることができた。牛糞を換金することが可能であるため選別せずに、すべての牛糞を加工するという特徴もある。近代都市Dで牛糞が失われていく様子を目の当たりにするなか、近代都市Dと同様に牛糞の象徴資源としての価値を見出している。

　近代都市Dの住民は、石炭やガスなどの牛糞以外の燃料を得ることができるため、牛糞の多角的な利用を必要としない。住民は石炭やガスを補うためと、親しみのある燃料として牛糞を購入している。しかしそれ以上に注目すべき特徴として、肥沃牧草地Bでは牛糞が多様に生態的利用されているのとは対照的に、近代都市Dや都市近郊農村Cの地域においては牛糞がさまざまな象徴的文脈のなかで利用されていることがあげられる。たとえば人生の節目となる出産や結婚式、葬儀といった儀式や儀礼のなかで、牛糞は生命や富の象徴として飾られたり燃やされたりしていた。また近年の傾向として、牛糞には遊牧民としてのチベット人の歴史を象徴する意味が付与されるようになっていた。このように象徴的意味が強調される場合、しばしば加工されていない天然牛糞が用いられ、色や形が吟味されたうえで使用されていた。こうした点からここでは牛糞は生態資源としてよりも、ある種の神聖さを象徴するフェティッシュな存在に変化し、象徴資源として重視されていることがわかる。

　このように、チベット人にとって生存や生業に必須の資源であっ

た牛糞は、都市化が進むにつれてそうした役割を果たさなくなりつつある。にもかかわらず、かえって象徴としての価値は高まり、重要な文化的アイテムとして神聖視されているという現象も非常に興味深い。生存のための生態資源としての牛糞が、そうした生活の共通認識を失いつつある集団の中で、逆にその象徴的意味が強調され、神聖なものとして残されていくという多くの文化に共通する象徴化のプロセスをそこに見出すことができた。

　こうした地域ごとの利用の違いは、彼らの牛糞との関わり方の人類史的な変化にも対応していると考えられる。人類と動物の関係を考察するこれまでの多くの先行研究では、家畜化の目的を肉や乳製品あるいは使役のためと位置づけてきた。しかし、チベット高原で牧畜生活を行う人々にとっては、燃料としての牛糞の利用が、水や食糧以上に重要な目的であることが本研究によって明らかにされた。乾燥高冷地 A の事例を見ると、家畜化が始まる以前の狩猟採集時代からすでに野生動物の糞の燃料利用は始まっていたと考えられ、もしこうした糞の利用がなければ、人類は最終氷期最盛期の寒さをのりこえることも、高冷地での生存も不可能であったことが推測される。

　人間が生存するためにもっとも重要なものは何かと問われれば、人は何と答えるだろうか。現代の文明社会に生きる我々にとって、空気、水、食糧というのが常識的な答えだろう。だが、水や食糧より大切なものがある。

　100 年以上前に、古い仏教の経典を求めてチベット高原を旅した河口慧海は、燃料を手に入れられない中での道中の日記を次のように記している。

　七月二十九日、六月三日。午前中衣を干し喫食して、西北の山中

に進むこと二里。しかして道を少しく誤りて、雪山脈中の高処に上ることまた三里にして、雪しきりに降りて暴風さへ添ひたれば、かかる高処に露宿するは凍死の基なりと考へて下に北に下る。しかして夜に入りて下ること二里余、羊疲れて雪中に臥す。いかにするも進まざれば、已むことを得ず、この辺りの石上の雪を払ひてその上に坐す。雪はますます降りて深く積もり来りぬ。例のコーモリガサと合羽にて雪を防げども、我が膝に多く積もりて身体非常に凍痛しぬ。つひにその痛みさへ覚へざるに至れり。時に我謂へらく、今夜雪のために凍死するか、我求法のために死す。その業果たさずといへども、再生の后我有縁の人の恩に報ぜんと［河口、奥山 2007］。

　人は水や食糧がなくても数日は生きることができるが、体温を維持できない場所では人は短時間で命を落としてしまう。また、氷点下では水も凍結してしまうので、溶かさなければ飲むこともできない。寒い地域では空気の次に必要なのは温かさなのである。
　人類が他の動物と違うところは何だろうか。道具を使うことだろうか。だが、よく知られているラッコやチンパンジーのように、道具を使う動物は人類の他にもいる。しかし、人類しか使うことができないものがある。それは火である。
　生物人類学者のリチャード・ランガムは著書『火の賜物——ヒトは料理で進化した』の中で、火によって加熱調理が可能となり、ヒトの食べることのできる食糧の種類が増えたこと、そして咀嚼や消化の負担が減り、短時間で大量のエネルギーを摂取できるようになったことを指摘している。そのおかげで脳という大量にエネルギーを消費する組織を維持することができるようになり、咀嚼や消化吸収のための丈夫な歯やあご、大きな消化のための組織も不要になっ

た。そして火によって夜間の安全性が高まり、わざわざ木の上に登らなくても、地上で安全に暮らすことができるようになった。人類は火を手にした結果、口や歯や消化のための組織が小さくなり、脳は大きくなった。そしてより地上生活に適した骨格に変わっていった。ランガムは、このようにして火が人類の骨格や脳の進化を支えてきたと書いている［リチャード・ランガム 2010］。つまり人類は、進化したから火を使うようになったのではなく、火を使うようになったから進化したと言う。ヒトは火によって作られたのである。火を使えない人類は人類と言えるだろうか。私たちヒトは炎の動物であるとランガムは言う。

　　生命の長い歴史のなかでも特筆すべき"変移"であるホモ属（ヒト属）の出現をうながしたのは火の使用と料理の発明だった。料理は食物の価値を高め、私たちの体、脳、時間の使い方、社会生活を変化させた。私たちを外部エネルギーの消費者に変えた。そうして燃料に依存する、自然との新しい関係を持つ生命体が登場したのだ［ランガム 2010］。

　ヒトは「燃料に依存する生命体」であり、「炎の動物」なのである。人間にとって空気や水、食糧と同じように大切な物、それが火なのではないだろうか。そして、燃料の収集はチベット高原という極所環境で生き延びるための最大の鍵となる。慧海や Rockhill の日記でも、彼らは常に牛糞を探している。チベット高原では、ランガムが言うように彼らの生命は燃料である牛糞に依存していたのだ。
　1891~1892 年にかけてチベット高原を旅した Rockhill の日記には、燃料不足に苦しみながらの探検の最中、筆者の調査地である肥沃牧草地 B に似た、チベット遊牧民の冬の本拠地を発見した時の驚

きが記されている。

　7月19日　私たちのキャンプの近くで、古い炉や人々の住んでいる形跡を発見した。一年のうちのある時期だけ生活しているようだ。私たちが今まで見たこともない最も高い場所に住む人々である。ここは海抜 16,200ft 以上の場所なのだ（中略）そして今夜は燃やす糞がない。我々は荷物用の鞍を燃やした。

　7月20日　私たちはたくさんの古い住居跡を通り過ぎ、乾燥した燃料を得るために牛糞の壁を少し崩した。ヤクの糞は、黒テントのチベット人達の間で建築材料として使われている。テントの周りに低い壁を作るために使用されることに加えて、この地のアムドの人々は、南側に小さな開口部を持つ、高さ約 5ft、直径約 6ft の小さなドーム型の建物を作っている。これらの中で、彼らは乾燥したヤクの糞と羊の糞を燃料として保存する。同様に、彼らはテントの周囲のいくつかの似たような倉庫に、居住用テントの中にしまわなくてもよい物をしまっている [Rockhill 1894]。

　Rockhill 一行のチベット高原の旅は寒さと燃料不足との闘いであった。彼らの日記を読むと、しばしば彼らが牛糞を発見した時の喜びや、山を越えた目の前に草原地帯が広がり、視界にヤクの群れが飛び込んで来た時の安堵の気持ちを記している。彼らはヤクを見ているのではない。その足元に落ちている牛糞を見て歓喜しているのである。このように彼らの記録を見れば、チベット高原では人間にとって牛糞がどれほど不可欠なものかがうかがえる。

　考古学者の Rhode らは、ヤクがその産物によってどれだけ人に貢献しているかをミルク、運搬能力、皮と毛、肉などについて、主にカロリーベースで調査し、その結果、ヤクが提供する産物のうち、

人間への貢献度において牛糞が圧倒的であることを述べている [Rhode et al. 2007]。これについては Siller もまた、家畜は主に肉やミルクの供給源と思われがちだが、アンデスにおいては他のどの産物よりも多くの糞を産出しており、実際に牛、羊、リャマは毎年、乾燥重量で体重の約 4 倍の糞を落としているという。つまり、広く分散してかさばる草をコンパクトで集めやすいエネルギー源に変換していると述べている [Siller 2000]。Rhode らは、ヤクは当初ミルクや肉のためではなく、その牛糞のために家畜化され、肉やミルクやその他の利用は家畜化の副産物だったのではないかと考察している。そして、ヤクの家畜化で牛糞が常に安定的に得られることになって初めて、人類のチベット高原への周年の居住が可能となったのではないかと述べている [Rhode et al.2007]。

　実際、チベットの野生ヤクを一度でも目にしたことがあれば、その大きさと攻撃性から、それを搾乳するために家畜化するという発想は不自然であり、野生ヤクから搾乳することは危険すぎて不可能であることが一目瞭然である。そして同様に毛を刈ることもまた不可能であることがわかる。また、肉や毛皮を得るにはヤクを殺さなくてはならないので、家畜化する必要性は低く、狩猟による方が苦労も少なく安全性が高い。ヤクを手懐けることができれば、そのヤクを飼っている限り、安全かつ容易に、そして永続的に得られるものは唯一、牛糞である。そして死ねば肉や毛皮を得ることも可能である。搾乳のためにヤクを家畜化した場合、ミルクを出すのはメスのヤクだけであり、しかも出産後 2~3 年内しか利用できない。牛糞のために家畜化した場合は雄雌や年齢は関係なく利用できる。日々、牛糞を身近に入手できるので、それを加工・乾燥・備蓄することが可能となり、最も燃料を必要とする冬期でも乾燥した牛糞を潤沢に使うことができる。

かつてのチベット社会では牛糞を税として納めていたこともあるという［宋 1989］。牛糞が最も重要な生態資源であれば、それが税としての役割を果たしてもおかしくはない。そして Rhode が言うようにチベットの人々がヤクの家畜化の成功とともに、持続的かつ安定的に燃料である牛糞が入手できたことによってチベット高原に暮らすことが可能になったのであれば、現在でも儀礼やお祝いの場に欠かせない神聖で吉祥な象徴資源として扱われているのも、自然なこととして理解できる。

　本研究では、夏でも時には氷点下になるチベット高原での調査をとおして、筆者は実際に空気の次に大事なのは温かさであることを痛感させられた。そして実際に調査地に滞在するうちに、河口慧海や Rockhill と同じように、牛糞がたくさんあれば安心し、少ないと不安にかられるという感覚を味わった。火の利用が当たり前になりすぎた我々は、ふだん燃料というものを意識することはない。しかし、チベットの牧畜民たちはいつも牛糞を集め、加工、乾燥、保管しつづけていた。チベットでは、燃料不足の不安が常につきまとう。燃料の不足は死を意味するからである。

　燃料の不足は寒さによる死を意味するだけではない。ヒトはランガムが言うように炎の動物であり、燃料に依存する生命体なのである。人類は火を使うことで寒さを克服し、地球上のあらゆるところに生息域を広げてきた。過去の多くの動物たちが生き延びられなかった氷河期をも生き抜いてきた。そして火を灯すことで闇を照らし、夜を昼に変え、空間だけではなく時間的にも、環境を調節して活動域を広げてきたのである。

　そして過去、現在、おそらく未来も、人類にとっては常に火の源である燃料、言い換えるならエネルギーの確保が最大の関心事である。人類はエネルギーのために知恵をしぼり、また問題を引き起こ

してきた。ニュースにエネルギー関連の話題が上らない日はない。

　そうであるならば、燃料を作り出す動物と共に生きるチベットの人々こそ、最もヒトらしいヒトと言うこともできるのではないだろうか。そして燃料を象徴とし、酸素と温度、その両方が乏しいチベット高原で生き抜く人々から学べることの中には、過去さまざまな環境の変化に適応し、これからも環境の変化に適応していかなくてはならない我々人類にとって、重要なヒントが隠されているのではないかと筆者は考えている。

資料

　本書を読む上で、チベット人の生活と牛糞との関わりは重要なものである。よって、ここに資料として、チベット人の生活や慣習、家畜ヤクの繁殖、婚資、葬式についての説明を補足しておく。

Ⅰ　チベット人

1. チベット人の宗教

(1) チベット仏教

　チベット人の主な宗教はチベット仏教で、ほとんどのチベット人は自分が檀家となっている檀那寺を持っている。主な宗派としてゲルク派、カギュー派、サキャ派などがある。宗派別に寺院があり、何か困ったことや心配事があると、自身が信仰する宗派の寺院に行って祈る。寺院には多くの僧がおり、一般には、彼らは正式の僧侶も修行僧も敬意をもって「ラマ」と呼ばれている。

(2) ラマ

　チベット人は、チベット仏教の僧侶にたいして敬意を払ってラマと呼ぶ。「チベット語「ラマ」の「ラ」は目上、「マ」は人、それゆえ「ラマ」とは目上の人、師を意味する」と立川が説明している［立川　2009: 36］。

　ラマはチベットの人々から信頼されており、病気になっても病院を受診せずに、寺院でラマに相談してチベットの伝統的な薬を受け

取る人もいる。子どもが生まれたら、ラマから名前を授かることも多い。そのとき、一生身に着けるお守りをラマからもらう。他にも火葬、水葬、樹葬、塔葬、土葬、鳥葬など、全ての葬儀にラマが立ち会う。チベットの人々の人生の岐路には、ラマが立ち会うのである。

(3) 寺巡礼

ラサに住んでいる人々はよくジョカン寺を時計回りにまわって巡礼する。3周、5周、7周など各自が好きな回数をまわるが、まわる回数は奇数でなければならない。その他の地域の人々は、自分達の信仰している宗派に属する寺を巡礼する。

2. チベット人の生活

(1) 服装

チベット人は洋服と民族衣装のどちらも着用する。結婚式や新年などのお祝いの時には、正装として民族衣装を着ることが多い。都市で生活する男性は洋服を着る人が多いが、60代以上の人では民族衣装を着る人が多い。女性の場合、若者の中には洋服を好む人が多いが、近年では民族衣装が洒落た服だと考え、民族衣装を好む若者も増えている。50代以上の女性においては上着に洋服を着用し、下はチベット式のスカートを履くというような、掛け合わせた装いがよくみられる。農村部と牧畜地域では、20代の若者の間では男女ともに洋服が好まれ、30~40代では民族衣装を着る人が多い。年輩になると男性、女性ともほとんどの人が民族衣装を着ている。また、男性は普段民族衣装だが、仕事に支障がある場合などには洋服を着る。

（2）バンデン

　ウ・ツァンチベット人とカムチベット人の既婚女性が身につける、エプロンのようなものである。その用途は、家事をする際に服を汚れないようにするため、牧畜民が外出の際に、牛糞を見つけたときに拾って入れるための2つである。バンデンは既婚者しか使わないもので本来は黒が多かったが、後に装飾性が高まって色が鮮やかになった。近年はラサの若者の間で、バンデンは洒落た装身具だと見直されて、未婚の女性でもファッションとして身に着けるようになってきた（**写真23**）。

（3）チベット人の食事

　チベット人の食卓はここ20年間で大きく変化している。チベット高原の厳しい環境においては、野菜はなかなか手に入らないため限られた材料で作る食べ物しか食べることはできない。2006年にチベット鉄道ができるまで、チベット自治区に行くルートは陸路の場合、青蔵、川蔵、滇蔵、新蔵公路の4つだけであった。また、定期的な長距離バスはなく自家用車も少ない時代において、貨物トラックに便乗させてもらう以外に方法はなかった。もうひとつの方法は飛行機に乗ることで、こちらは速くて苦労は少ないが、1979年に西安からラサへの直行便が開通するまでは、空路は成都からラサへの便が運行しているだけであった。1965年に運用開始したこの便は高価なうえ便数が少なく、チケットの入手はなかなか困難で、天候の影響によって欠航も多いので、お金があったとしても現実的な方法ではなかった。運良くチケットを手に入れることができた人々は空港のターミナルで待つ間に、当時の中国では唯一の、空港ターミナル内にある野菜市場で買い物をした。ラサにいる人々にとって野菜はとても貴重であったため、新鮮な野菜が何よりのお土産

であった。飛行機の乗客たちは必ずその市場で野菜を買って、ラサへ持って行った。

　現在では流通が便利になったことや、ハウス栽培ができるようになったことで、ラサの市場ではさまざまな野菜や肉類や、魚介類などの食料品が売られている。いちばん初めにチベット高原で料理店を経営していた四川の人々は、ラサを中心としてあちこちの街に四川料理を広め、今ではチベット高原のどんなところでも、街に行けば四川料理を食べることができる。

　チベット式料理は茹でたり煮たりする料理が多いため四川料理やその他の漢民族の料理のように、強力な火力は必要としないが、飲食店がにぎわうようになった現在、料理店ではガスを使っているところが多い。都市の茶房でも台所でガスを使ってチャ・スーマと呼ばれるバター茶や、チャ・ガーモと呼ばれる甘いミルクティーなどを調理している。1970年代、ラサの一般的な茶房で提供されていた食べ物は、主にチベット式麺と甘いミルクティーだけだった。今でこそ主流となっているが、バターは贅沢品だったためバター茶を提供する茶房は少なかった。今はホールでの牛糞炉の使用は、暖房用とチャの保温に限られる。

　ラサでは、漢族の人たちの家庭料理は米とおかずが主流である。チベット人の場合は伝統的なバター茶やツァンパ、チベット式麺を常食している家もあるが、漢族の食習慣に影響され、かつ食材が豊富になったので、米とおかずを常食する家も増えた。特に子供はツァンパより米とおかず、バター茶より市販飲料を好む。牧畜地域では伝統的な食生活の家が多いが、若者や子供の間ではインスタントラーメンや市販の飲料を好む人も増えてきている。

(4) チャ

　チベットでは茶葉の種類は問わない、地域問わず茶の総称としてチャと呼ばれている。ミルクティー、甘いミルクティー、バター茶なども総称してチャと呼ぶ。

(5) オチャ（オジャ）

　沸かしたレンガ茶の茶汁に新鮮なミルクを入れて混ぜた飲み物で、チベット方式のミルクティーである。地域により塩を入れる場合もある。牧畜地域でよく飲まれる飲み物である。日本ではミルクティーによく使われているのは紅茶であるが、チベットではレンガ茶を使っている。レンガ茶は発酵茶であるプーアル茶をレンガ状に固めた物であり、紅茶より渋みが強いがミルクやバターを入れることでその渋味を中和できる。日本で飲むミルクティーにはふつう砂糖を入れるが、ここで飲むミルクティーには塩を少し入れる。ミルクティーを作る際、生活に余裕がある家では新鮮なミルクを使い、余裕のない家ではバターをとったあとに残る脱脂ミルクが使われる。

　レンガ茶は、秋ごろに摘まれた茶葉を蒸して、新鮮な茶葉と一緒に発酵させて作られる。秋ごろの茶葉は硬く、摘んだ茶葉とその枝部分を鍋でしっかりと蒸す。蒸したものを地面に掘った穴に入れて、その上に新鮮な茶葉と先ほどの蒸し汁をかけて発酵させる。カビが入ったところで、まだしっとりしている茶葉を押し固めることができる機械でレンガ状に成型する。このようにして作られるレンガ茶は長期間の保存ができ、百年以上の年代物のレンガ茶も存在する。

(6) チャ・ガーモ

　チャ・ガーモは甘いミルクティで、紅茶を煎じて取り出した茶汁にミルクと砂糖を入れた飲み物である。チャ・ガーモはラサとラサ

周辺ではよく飲まれている。チャ・ガーモはラサとその周辺の地域
での呼び方である。

(7) チャ・スーマ

　レンガ茶の茶汁にバターと塩を入れ、混ぜて作ったお茶は「チャ・スーマ」と呼ばれている。チャ・スーマはラサとその周辺の地域の呼び方である。漢字表記は「酥油茶」で、チベット風のバター茶のことを指している。日本ではバター茶と呼ばれている。

　バター茶は気温が低く乾燥したチベットでの生活に欠かせない飲み物である。水分、脂肪分、塩分、繊維、ビタミンが効率的に補給でき、体を温め、空腹感をおさめる効果がある。また、乾燥による唇のひび割れの保護にも効く。味は塩の加減で大きく変わってくるが、ラサとラサ周辺の茶房ではよくバター茶と甘いミルクティーが提供されている。

　バター茶が牛糞炉の上で温められているのは、チベットではよくみられる光景である。来客があると、まずバター茶を出す。放牧や作業などが終わって自分のテントに戻ってもすぐにバター茶を飲むし、放牧や遠出時には必ずバター茶を持っていく。

　バター茶を作る際には「ジョゾン」という容器と、ジョゾンと対になった「ゾ」という櫂を使う。家庭用のジョゾンは細長い筒状の木樽で、直径は 10~12cm、高さは 45~50cm ほどである。ゾは長さ 70~75cm ほどの片手で握れるくらいの太さの棒で、下から 5 分の 1 の位置に直径 6~8cm の丸い板がついている。

　バター茶の作り方は、まず 1 日に飲む量のレンガ茶を削って煮出し、その茶汁とバター、塩をジョゾンに入れる。櫂を上下に動かしてジョゾンに入れた材料を混ぜるが、そのとき力を入れすぎると溢れ、かといって弱すぎると上手に混ざらないため、慣れるまでは力

加減が難しい。茶汁と溶けたバターが乳化し、塩が混ざるとバター茶のできあがりである。できあがったバター茶は金属のやかんに入れて、炉の上で保温される。バター茶は作り置きができないため、無駄が出ないよう毎朝その日に必要な量を考えて作らなければならない。

　バター茶を作る際には、バターとミルクを季節によって使い分ける。牧畜民は夏の間では新鮮なミルクがあるため、バターをほとんど使わずにミルクを使って、バター茶ではなく、ミルクティーをよく飲む。それに対して冬はミルクがとれないため、自分たちが飲む際にはミルクティーではなく、バターを入れてあるバター茶を飲むというように季節によって使い分けられている。ミルクティーはバター茶より味が淡く、バター特有の濃厚さと香りはないが、新鮮なミルクの香りと甘さがあって、さっぱりしている。各家庭によってバター茶やミルクティーを作る際の配分が異なっており、夏にバターを使うのは来客があるときぐらいであるが、来客の中でも重要な客が来る際はバターを多めに使う場合もある。基本的に夏の間に作ったバターは長い冬のために保存している。放牧の際や外出先で宿泊する時など、出先でチャが飲めないときには夏でもバターを持って移動し、目的地に着いたら自分でバター茶を作る。たとえば、G家では8月に競馬をみるために街へ行ったが、そのような街での数日の滞在があるときには、布団、燃料である牛糞、バター、ヨーグルト、そして羊2頭分の肉を持って出かけた。

(8)　チュラ

　バターを取り出したあとの脱脂ミルクに、脱脂ミルクで作ったヨーグルトを少し入れて煮る。そのあと取り出した固形分を乾燥させたカッテージチーズのようなものである。牧畜民にとって、チュラ

は重要な保存食品である。

(9) ツァンパ

　大麦の一種であるハダカ麦を炒って粉末状にして食べる、チベット人の伝統的な主食である。日本では「麦こがし」や「はったい粉」などと呼ばれている。チベットではバター茶やミルクティーを飲みながらツァンパを食べ、麦の香りを楽しむ。粉末のまま口にするときには粉末状のツァンパは口から飛びやすく喋ってはいけない。また、チャやバターと合わせて練って食べる方法もある。

(10) テルマ

　チベット人の家では、各自の「カヨル」と呼ばれる茶碗でお茶やご飯を食べる。テルマとは、その各自のカヨルのなかでツァンパ、バター、チュラにミルクティーをしみこませて団子状にした食べ物である。テルマの飲み方は、茶碗にバターの塊1つ（約10g）とツァンパ（約18g）、チュラ（約6g）を強く押し付けて、その上にミルクティー（約100g）をいっぱいに注ぐ。ミルクティーは三度注ぐが、最初と二度目はそのまま飲み、三度目のミルクティーはツァンパ、バター、チュラに浸み込むのを待つ。ツァンパ、バター、チュラとミルクティーを指で混ぜ、これを団子状にして食べる。以上のデータは筆者が毎日食べていたものを計った数値の平均値である。これらは大人の一回分の量だが、子どもの場合は茶碗が小さいため、ツァンパ（約14g）、チュラ（約4g）とミルクティー（約40~80g）を使用する。バターの塊は大人も子どももほぼ同じ量を入れる。肥沃牧草地Bの人々にはテルマが朝、昼、晩とも飲まれている。来客があれば、相手が食事をしたがっているかいないかに関係なくテルマを出すところからみると、テルマはお茶とお茶菓子を両立したような

ものであると考えられる。このようにテルマを出すことが一般的であるが、他民族の人の訪問があったときには、チベットの食文化ともいえるテルマを飲めないであろうと配慮し、バター茶を出す場合もある。テルマは肥沃牧草地 B の呼び方である。

(11) ショ

家畜のミルクで作られたヨーグルトである。牧畜民の家ではだいたい 2 日に 1 回の頻度で作る。牧畜民の家では毎食後のデザートとしてショが食べられている。通常のミルクで作る場合と、バターを作ったあとの脱脂ミルクで作る場合がある。

(12) 年末の料理グトゥク

毎年チベット歴の 12 月 29 日にグトゥクと呼ばれる料理を食べる。グトゥクとは、ハダカ麦の粉を少量の水でこねて団子をつくり、それをスープに入れたものである。これは日本の九州地方でよく食べられる団子汁のような食べ物である。ハダカ麦だけでは粘度が足りないため、包みやすくするために小麦粉も混ぜて作られる。たくさんのグトゥクのうちのいくつかを大きめに作り、なかに塩の塊、唐辛子、ヒツジの毛、麦わら、牛糞等を入れておき、フォーチュンクッキーのように、食べた時に中に入っていた縁起物で占いをする。縁起物は本物を使う場合もあるが、現在は団子の中にそのようなものを入れることは無くなり、中に入れていたものの代わりに、それを文字で書き表した紙を入れる。また、代用品を使う場合もある。たとえば、牛糞の代わりには黒砂糖を入れたり、陶器の破片の代わりには透明なキャンディを入れる。縁起物が入ったグトゥクが器に入っていない場合や、2 つ以上入っている場合もある。食べるときにお互いに隣の人の団子に何が入っていたか、気にしながら楽しむ。

グトゥクの作り方は、小麦粉やハダカ麦の粉に水を入れてこね、餃子の生地のようなものをつくる。用意した縁起物をひとつずつ生地に包む。残った生地をまとめて小指の先ほどの大きさになるよう切り取る。占いの素材が入っているものは、入っていない小さなものと比べて目にみえて大きい。各家でのグトゥクの形も異なるが、一例としてこれを指で転がしながらパスタのコンキリエのような貝殻型に成形する。鍋にお湯を沸かし、生地に包んだ縁起物と貝殻型のパスタのようなグトゥクをいっしょに煮込む。これらの生地にある程度火が通ったら千切りにした大根と、別に下ゆでしておいたハダカ麦・エンドウ豆・エゾツルキンバイの根を一緒に煮て、大根に火が通ったら器に取り分けて食べる。

　グトゥクには少なくとも9種類の縁起物を用意する。各家によって入れる縁起物は異なっていたり、地域によって違う解釈のものもある。以下は、グトゥクに入れられるものの解釈を示す。

　　牛糞：常に富があり、満ち足りている。最も縁起が良く、牛糞は常に手に入るもので、使っても使っても手に入るという解釈に起源がある。
　　塩の塊：お尻が重く動きが鈍い、仕事をやりたがらない怠け者。
　　唐辛子：口ばかりの人。有言実行ができない人。
　　ヒツジの毛：性格が温和である。羊の毛は柔らかいという連想による。
　　コイン：来年はお金を稼げる。
　　外巻きのヒツジの毛：家の物が外に出ていく。家の中の物がなくなり貧しくなる。例えば、道楽息子が家財やお金を外で散財してしまうなど。
　　内巻きのヒツジの毛：外から家にいろいろなものが入ってくる。

家が豊かになる。

ガラス：心が純粋で、やさしい。

木炭：腹黒い。

牛の頭：頑固である。

エンドウ豆：けちけちしている。

経典：敬虔な仏教徒である。

太陽の形の生地：心が広く、やさしい。

月の形の生地：心やさしい。もし女性が月を食べた場合は、顔の
そばかすやできものが消えて、いつまでも若々しく美人になる。

　ラサとその周辺の地域では、古い年を送り新しい年を迎えるので、
羊の頭と新年の頭という意味をかけて、グトゥクの団子を茹でると
きに必ず羊の頭でダシをとったスープで茹でる。スープの中には必
ず大根を入れるが、大根はチベット語での読み方が、乗り越えると
いう意味の別の言葉と同じ音であるため、過去の厄災を乗り越える
という意味が込められている。グトゥクのグは9, トゥクは麺の意
味がある。そのまま読めばグトゥクは9杯の麺という意味である。
この日は9杯の麺を食べなくてはならない。これは、この家は裕福
なので9杯も麺が食べられるという寓意が入っている。

(13) 住宅

　都市や町に住んでいる人々も、農業を行う人々も、レンガや石、
土レンガなどで作った住宅がある。遊牧民は遊牧地と本拠地があり、
遊牧地ではテントの中で生活している。多くの場合、本拠地に戻る
とレンガや石で作られた家がある。本拠地に家がない人は、本拠地
に戻ってもテントで生活する。

(14) リーカル

　「リー」は布、綿布を意味し、「カル」は白を意味する。「リーカル」は帆布で作った白いテントである。大きさは幅約 4.7m、奥行約 6.8m、高さが約 2.9m である（**口絵カラー写真**参照）。このテントは人が住むだけでなく、テントの一角に牛糞を保管する場所としても広く利用されている。青海省では 2011 年から国の政策として牧畜民に帆布テントが配られている。

(15) ダナク

　「ダ」はヤク毛のテントで、「ナク」は黒いを意味している。「ダナク」はヤクの毛で作られた牧畜民の伝統的な黒いテントである。ヤクの毛を糸に捻って、その糸で生地を作って、その生地でテントを作る。最初から最後まで全て手作業で作っていた。黒いテントは100％ヤクの毛で作ってあるため、黒テント特有の性質を持っている。雨のときや湿気が多いときは毛糸が自然に水分を吸収して膨らむので、毛糸の隙間が密着し、雨漏りしないようになる。晴れの日は毛糸が乾いて縮むので、糸と糸の間に隙間ができて、日差しがテントの中に通るようになり、暖かくなる。このような機能的なテントではあるが、雨漏りを完全には防ぐことができない。ダナクの作り方はとても難しく、大きさも各家庭によって異なっているが、目安としてのサイズは幅 6.2 m、奥行き 6 m、高さ 2.2 mである（**写真 21**）。

(16) 交通

　ラサ市内にはバスやタクシーなどの公共交通機関があり、自動車が走っている。周辺の市や県へは公営の長距離バスを利用することができるが、公営の長距離バスが走っていない路線や、利用が不便

な時間帯には、個人の車に相乗りする場合もある。

　筆者の調査地では、遊牧地の移動の際、ヤクに荷物を背負わせることもよくあるが、なかには牧畜民達が自家用車やオートバイを持っている場合もあり、それらも移動に使用されていた。

(17) 燃料として使われている植物

　乾燥高冷地 A では牛糞燃料が不足しているため、牛糞炉にくべる燃料として牛糞の代わりに中国名で「雪霊芝」(*Arenaria kansuensis*) というナデシコ科の草（**写真25**）や「塾状点地梅」(*Androsace tapete*) というサクラソウ科の草（**写真26**）などが使用される。これらは枯れると自然と地面から出てくるため、枯れて取りやすくなったものを掘り出して持ち帰り、完全に乾燥させて保存用の燃料として使用する。これらは日本にはない植物である。

(18) サポ

　サポと呼ばれている植物は日本語ではイラクサと呼ぶ。家畜の飼料として使われる。イラクサは葉っぱのふち、枝、茎など、全体にトゲがある（**写真37**）。そのため採集するときには手袋を着用する。そうしなければ、けがをしたり、かゆくなったり腫れたりする。飼料にはイラクサの葉のみを使用する。イラクサの葉を乾燥させてから手の平でこすり合わせるようにして揉み、粉々にしてから使用する。乾燥した葉っぱのトゲは手に刺さることはないため手袋を着用せずに揉むことができる。イラクサをヤクに食べさせると、人間が唐辛子を食べた時と同じような効果があり、ヤクの体温を上げることができるという。サポはラサ周辺の農村地域の呼び方である。

(19) ギェ

　毛織物製の袋の総称。牛糞を入れる袋としてよく使われる。深さ
は 70cm ほどで、幅 40~50cm くらいのものが多く、これらは普段
保管する際の牛糞入れに使用されたり、また祝いの行事で牛糞を入
れて飾られたりする。

(20) セブ

　牛糞を拾う際に背負う籠である（**写真 7**）。上の部分は広く、下の
部分は狭くできている。籠の縦、横、深さはそれぞれおおよそ
55cm である。開店式や引越しなどで牛糞を詰めて飾られることも
ある（**写真 55**）。

(21) 牧草地手当

　中国政府は、生態環境を守るために過剰放牧を制限しようとして
おり、羊とヤクの放牧頭数を減らし放牧する牧草地の面積を減らす
ことによって草原を保護することができると考えている。この考え
を基に、羊とヤクの頭数を減らした牧畜民の世帯に生活補助金を支
給するという政策を行っている。地域によって補助金額や支給方法
は異なる。たとえば乾燥高冷地 A では一人当たり年間 5,000 元
（2015 年）、肥沃牧草地 B では一人当たり年間 2,000 元（2017 年）、
都市近郊農村 C の J 家は一世帯で年間 200 元（2017 年）、また同じ
村の別の家では一世帯で年間 7,000 元（2017 年）など算定方法によ
り金額もさまざまである。

Ⅱ　家畜ヤクの繁殖

1. 野生ヤクと家畜ヤクの交配
近代都市 D より標高が高い県の事例
（聞き取り調査による 2012 年の事例）

(1) 野生ヤクと家畜ヤクの交配種の特徴

　野生ヤクと家畜ヤクの交配種の子ヤクは、普通の家畜ヤクの子ヤクに比べて体が大きく、病気になりにくいうえにミルクの産出量が多い。また、病気になったとしても、抵抗力が強いなどの特徴がある。

　野生ヤクは体が大きく気性も荒いため、野生ヤクを家畜ヤクと交配させることは簡単なことではない。そのため一度野生ヤクとの交配に成功すると、その子ヤクは雌雄ともに種ヤクとして使用される。そこで産まれる第 1 世代の子ヤクは、特に野生種の血が濃く、聞き分けが悪く、放牧をするといなくなってしまうので、放牧はしない。近くを野生ヤクの群れが通ったときに群れについていってしまったり、また群れが通らなくても勝手に逃げていなくなってしまう場合があるので、厳重に管理しなくてはならない。第 2 世代の場合でも、半分くらいの確率で野生に戻ってしまうので、注意して監視しておかなくてはならない。第 2 世代も雄雌ともに種ヤクに使用される。第 3 世代になると基本的に野生ヤクの扱いにくさは失われ、逃げることは少ない。

(2) 野生ヤクと家畜ヤクの交尾

　8 月から 9 月の終わり頃にかけての 2 ヶ月間、野生ヤクがよく活

動している地域に雌の家畜ヤクを連れて行く。発情期の雌の家畜ヤクが複数いる場合は、最も良い雌の家畜ヤクを連れていく。発情期の雌の家畜ヤクはフェロモンを分泌しており、また発情期の雄の野生ヤクも匂いに敏感になっているので、雌の家畜ヤクが通るとすぐに気づき、ついてくる。飼い主は雌の家畜ヤクと一緒に後をついてくる雄の野生ヤクも連れて帰る。雌の家畜ヤクと雄の野生ヤクはヤク小屋の付近や係留場の付近で交尾する。雄の野生ヤクは少なくとも二日間は雌ヤクのそばに滞在する。滞在期間中に一頭の雌ヤクに対して3、4回以上は交尾を行う。飼い主のところには雌ヤクは数頭いるので、ついてきた野生の雄ヤクは一度の滞在時に3，4頭の雌ヤクと交尾する。野生ヤクが滞在しているときはよく監視しておかないと、雌ヤクが野生ヤクといっしょに駆け落ちしてしまう場合があるので注意する。飼い主は野生ヤクが雌ヤクと確実に交尾したことを確認できたら野生ヤクを追い出す。飼い主が野生ヤクを追い出すと、発情していた雌ヤクは平常状態に戻る。

2. 家畜ヤクと家畜ヤクの交尾　都市近郊農村Ｃの事例（2018年）

　ヤクが自然に繁殖することは良いことであるが、ヤクの持ち主はより良い子ヤクを求めているため、良い種ヤクを使って、雌ヤクと交尾させる。人為的に繁殖させる場合、ヤクの交尾する場所は、ヤク小屋か屋外のいずれかで行われる。

(1) 種ヤクの選定とお礼

　雌ヤクの持ち主は交尾させるために、他人の家の発情期の雄ヤクで一番よいものを一頭選んで、持ち主と相談する。お互いの仲が良いのであれば無料、他人であればバターやジャガイモなどをお礼として渡す。だいたいの相場では、ジャガイモ 2 袋（2 袋計 50kg、ジ

ャガイモの単価3元~4元/1kg）またはバターを2塊（1塊は1~1.5kg、バターの単価100元/1kg）をお礼に渡す。

（2）交尾させる方法

①村の公衆牧草地で交尾させる場合

　朝9時頃に雌ヤクの持ち主と雄ヤクの持ち主が、この2頭のヤクを公衆牧草地に追い込み（または連れていき）、持ち主たちは帰る。そのあいだに2頭のヤクは5~6回交尾する。9~10回交尾する場合もある。

　時間は第1回目の交尾後15分~20分、または約30分で2回目の交尾を行う。第3回は2回目のあとの約2時間以内には行う。4回はまた約2~3時間以内。5回目は約3時間後に行う。これは射精するまでの有効交尾のデータである。

　午後5時半前後に各持ち主が自分のヤクを連れて帰る。連れて帰ったら雌は単独で3日から4日置いておく。これは妊娠の確定のためである。置いておくのは1日だけの場合もあるし、2日、3日かけて行う場合もある。種ヤクは連れて帰ったら、翌日の交尾に影響がないように、雌とは分けておく。

②ヤク小屋で交尾させる場合

　朝9時に各持ち主が、ヤクたちをヤク小屋に連れてくる。だいたいは雌の持ち主のヤク小屋で交尾をさせる。持ち主たちは帰らずに待っている。確実に交尾するのを確認したら、雌はそのままヤク小屋にいさせて、外には出さない。雄は外に出して草を食べさせる。朝と夕方の1回ずつ行う。夕方5時くらいになったら再び雄をヤク小屋に入れて交尾させる。もし1日借りる場合は、夕方の交尾をさせたら雄ヤクは持ち主に返す。その後雌ヤクは3日から4日は妊娠

の確認のため、外に出さないで単独にしておく。1日借りる場合は朝昼晩3回の場合もある。それは2人の持ち主の相談による。2日間借りる場合もあるが、3日連続で借りることはない。2日間借りる場合は、初日の夜、雄を返す場合もあるし、返さない場合もある。ヤク小屋で交尾させる場合は必ず、ヤク小屋で雄に上等の飼料を与える。

(3) 有効交尾の定義

　雄ヤクの生殖器は赤い部分と毛が生えている黒い部分があり、発情期の場合は赤い部分が25cm程度ある。赤い部分が全部雌の生殖器の中に入って外からみえない状態で、2~5秒程度で雄のヤクがふるえるので、それを確認したら射精した合図として、有効交尾になる。

Ⅲ　結婚式の費用

　肥沃牧草地Bでの結婚する際の規模と費用をRから聞き取ることができた。

　Rが1996年に結婚した際には、親と親戚からヤク70頭、チベット式カーペット200枚、毛布200枚、現金2万元が贈られている。
　Rは、R家の娘が結婚するとき（2016年10月）にヤク60頭、毛布10枚、チベット式カーペット5枚を実家から持たせた。そのほかに衣服や装身具などに7万元を使った。結婚式には親戚達が手伝いに来るが、その際にヤクやウマを贈る人もいる。R家と一番仲の良い人はウマ1頭とヤク4頭をくれた。結婚式にきた親戚300人分のために結婚式の半月前から7張りのテントをセットし、料理用

の牛糞炉と各テント用の牛糞炉を用意し、そのほかにも多くの飲料、肉、ゴマル（揚げパンのようなもの）などの食べ物も用意したそうである。結婚式は一日中行われた。

　2017年の相場としては、花婿の側は家、テント、牛糞炉、家具を用意しなければならなかった。また、贈るヤクの頭数は各家の経済条件によって異なっており、裕福な家は50頭から60頭、一般的な家庭では30頭から40頭、貧しい家でも20頭は贈る。花嫁の家では、一般的に20頭から30頭を持たせ、裕福な家は60頭から80頭を持たせるそうである。これらの贈り物に対しての返礼はすぐに返すのではなく、贈り物をくれた人の家族が結婚したときに返す。1頭のヤクを貰ったのであれば返礼で2頭返し、1,000元を貰ったのであれば2,000元というように、贈られたものに対し上乗せして返礼するのが礼儀である。

IV　葬式

　調査期間中に葬儀に参加する機会を得られなかったので、葬儀に関するすべてのデータは聞き取りによるものである。詳細なデータを入手した近代都市Dの事例を紹介する。

1. 近代都市Dでの葬儀

(1)　遺体の安置

　死者が亡くなった家では、まず檀那寺へラマを呼びに行く。家に駆けつけに来たラマが経を読みながら家に入る。家族は死者の体に接触してはならず、すべてラマが対応する。

　ラマは亡くなった人の年齢や干支、最後に欲しがった物などの情

報をもとに占いをし、遺体を自宅に安置する場所や日数だけでなく遺体を安置する際の頭の向きや、どのような経を読むか、何回読むかも占いによって決めていく。遺体を安置する期間は長くて 10 日間、短ければ 3 日間である。近年ではおおよそ一週間以内となっているようである。もし占いで決められた通りの段取りで葬式を行わなければ、49 日までの間に家族に不幸が起こるとされている。

　占いをする前に、死者が身につけている金属製の装身具はすべて取り外してからラマが占いを行う。服は身につけていても構わないが、装身具、特に金属製品は外さなくてはならない。装身具は飾りとしてだけではなく、お守りとして使用している場合があるので、ラマに祈ってもらったり、人の思いが込められている場合があり、それが占いに影響したり、正しい占いができなくなることがある。同行のラマの中で霊力が一番強いラマが占いを行う。多くの場合は、転生ラマが占いをする。

　家で遺体を置く向きや場所は占いで決めてから、仏間の、その占いで決まった場所に白い布を敷く。夏の場合は占いで決まった涼しい場所に敷く。遺体が身につけている衣服や装身具はすべて外し、それから体を拭く。体を拭いてから遺体を白い布の上に安置する。そして、まず長男が最初に遺体の上に薄絹（カタク）をかける。薄絹は長いので頭から足まで全部薄絹で覆い、そのあと他の家族も次々に薄絹を遺体の上に置いていく。そして部屋の地面から高さ 1.5m くらいのところにロープを張り、このロープに後から来た友人や遠い親戚などの参列者たちが次々と薄絹をかけていくのである。そうすると幾重もの薄絹に遮られて、遺体は参列者からみえなくなる。

(2) 灯明

　亡くなったらすぐに、死者の頭のところに油皿の灯明を灯す。チベットではふだん灯明にバターを使うが、死者に対してはバターを使わず、菜種油を使う。土のレンガを死者の頭のところに置き、その上に油皿の灯明と、死者が生前使用していた茶碗と湯飲みを置く。油皿の灯明は、死者を鳥葬場へ送るまで決して絶やしてはいけない。

　遺体を安置している仏間に、亡くなってから最初の7日間のあいだは毎日24時間、バターを使った油皿の灯明を灯す。仏壇のバターの灯明は日常的に少なくとも7つは灯しているが、これとは別に108個の灯明を灯す。裕福な家の場合は1,000個以上の灯明を灯すこともある。貧しい家の場合でも少なくとも108個は灯さなくてはいけない。貧しくてどうしても108個灯せない場合は、100個という数は避ける。仏間が小さい家の場合は食糧貯蔵室にこのようなバターの灯明を灯す。

(3) 読経

　葬式の間にどの経を何回読むかなどは占いによって決まっている。少なくとも3人のラマを呼んで仏間や仏壇の前でお経を読む。ラマを呼ぶのは3人、5人、7人など、奇数の方が良いようである。裕福な家庭では多くのラマを呼ぶ。

　本来、読経は24時間を通して行われ、絶やしてはならないが、現在ではラマは夜中の12時まで読むとそれ以降は休むことが多くなっている。そのような場合、翌朝、朝食を食べてから読経を再開する。

　ラマを家に呼ぶとお金がかかるため、最初の7日間だけラマを家に呼んで読経をしてもらい、その後7日ごとに家族がお寺のほうに出向いて読経してもらうことも多い。最後にラマを家に呼んで読経

してもらうのは四十九日のみであるため、8日目から48日目までは必ずしも24時間を通して読経しなければならないわけではない。お金さえあれば継続してラマに依頼ができるので、裕福な家の場合は初日から49日までの間ずっと家にいてもらうこともある。

(4) 供え物

亡くなった翌日は、お茶と食べ物を土のレンガに設置し、1日3食を死者に供える。お茶はバター茶と甘いミルクティーがあるが、死者が好んでいた方を供える。食事も1日3食を供えるが、死者が好んでいた主食（麺・ご飯・麦こがしなど）とおかずを供える。食事の内容には死者の好物を選ぶが、普通に家族の食事と同じ物を供える家庭もある。毎食、新しい食べ物を供えるときに、古い食べ物は清潔なバケツのなかに捨てる。茶碗や湯飲みはきれいに洗ってから新しい食べ物を入れる。死者へ供える3食の時間はラマの占いによって決める。1日3食供える食事は、死者の物質的な遺体に対する供え物である。ツァスルは死者の魂に対する供え物であるとインフォーマントが語った。

(5) ツァスル

ツァスルとは、麦こがし、ミルク、蜂蜜または砂糖を混ぜて練ったもので、布の袋に入れて吊るしたり、机の上に置いたりする。死後すぐに用意して陶器の壺に焚く。陶器の壺を家の入口の外に吊す（**図11**）。吊すのは地面に置くことによって、家と接触するのを避けるためである。吊さずに机の上に置いたりすることもある。この陶器の壺には、形がよくて大きい天然牛糞を1つ、牛糞が着火して真っ赤な状態になってから入れる。着火した牛糞を壺に入れてから、壺の中の牛糞に木製のスプーンでツァスルを少しずつかけて煙を発

生させる。ツァスルをかけるときの所作は決まっている。スプーンは木製でなければならないし、スプーンでツァスルをすくってかける動作は、順手で行わなければならない。逆手に持ったり、手の平を上に向けたり、ツァスルを手で触ったりすることは絶対にしてはいけないとされている。スプーンが木製である理由は金属やプラスチックのものは自然のものではないからである。さらに、机の上に置いたサフラン水の入った容器に香木をつけて、ツァスルを追加するたびに、サフラン水をかける。壺の中の燃焼状態の牛糞にサフラン水を振りかけると、煙がさらに発生する。ツァスルをすくって焚く作業中は六字大明呪を唱える。

インフォーマントの話によると、ツァスルの煙は死者の魂に対する供え物である。煙は神に捧げる神聖なものであるため、その煙を死者に供えることは死者にとっても良いことである。この煙は喪主の家の周囲にいる無縁仏に捧げる意図もある。供え物が無く成仏できない無縁仏の魂に煙を捧げることによって、無縁仏がこの家の死者の魂が成仏するのを邪魔しないようにすることができる。

また、入口の外に陶器の壺を吊るし、ツァスルを燃やして煙を出すことは、近隣の住民へ向けての「人が亡くなった」という知らせでもある。

このツァスルの煙は、最初の7日間は決して絶やしてはいけない。もし消えて、もう一度燃やした場合は非常に縁起が悪いと考えられている。しかし、縁起が悪くても再度燃やさなくてはいけない。そのため火を絶やすことがないよう、厳重に注意する。

最初の3日間は血縁関係のある親類だけがツァスルを入れることができる。そのあとは友人、知人などがツァスルを入れても良い。本来は最初の3日間は血縁関係の親族のみがツァスルを入れることができるが、煙が消えてしまうと縁起がとても悪いため、消えそう

になった場合は親類ではない友人や知人でも、気がついた人が急いでツァスルをつぎ足す。

　牛糞の火が消えたかどうかは煙で判断する。牛糞の火が消えていなければ、ツァスルを入れたときに炎が上がり、炎が上がると牛糞がすぐに燃えつきてしまうので、それを防ぐためにサフラン水をかけて炎をおさえる。サフラン水に使われる水は水道水ではなく、ラサ河から汲んできた水を使う。ラサ河から汲んだ水はまず仏壇に供え、それからサフランをつけてサフラン水にして、ツァスルの上にかける。

(6) ツァスルを焚く壺

　ツァスルを焚くために陶器の壺が使われるが、陶器の壺を事前に用意することは縁起が悪いこととされ、人が亡くなってから買いにいく。深夜の場合は翌日の早朝に陶器の壺を買いに行く。近代都市Dで使われているツァスルの壺はおおよそ直径20cm、高さは15cmほどのものが多い（**写真56**）。

　最初の7日間は24時間ツァスルを焚き続けるが、7日目になると鳥葬場の鳥葬師（ロケン）が家に来て、死者に供えた食べ物とバケツの中の食べ物と湯飲みと陶器の壺、壺の中に焚いているツァスルをラサ河に持って行き、川に流す。ただし茶碗は家族が記念のためにとっておく場合もある。

　7日目にツァスルの壺を送る時は、一般的には午後4時に出発する。ツァスルの壺を送る際に参加するのは遠い親戚のみで、近い親戚や家族は参加しない。現在ではツァスルの壺を送るのは鳥葬場に行くメンバーと同じで、遠い親戚や友人がラサ河の手前まで同行する。

　車を運転してラサ河に向かうが、このときツァスルを焚いている

陶器の壺は車内に直置きせず、助手席または後部座席に座っている人が窓から手を出して、陶器の壺を車外に紐で吊るして持つ。その時にも火を家で燃やしていた時より強くして、よりたくさんの煙を出させる、煙は絶やさないように気をつける。また、この陶器の壺はいかなるときも絶対に地面に接触させてはいけない。なぜなら、地面に接触させると、死者とつながりをもってしまうと考えられているからである。ラサ河に着いたら壺を川に流す。この壺が川に浮かんでいるときに煙がよく上がっている場合は良い状態である。流した陶器の壺がみえなくなるまで浮かんでいる状態が一番良いとされている。場合によっては川に流すとすぐに沈んでしまうが、それはとても縁起が悪いこととされている。

　壺を川に流したあと、みんなでお酒を飲み、歌を歌って宴会をする。限られた親戚のみが鳥葬師とともに壺を送ることができるが、ツァスルの壺を送る日が分かっていれば、親戚以外のラサ周辺に住んでいる友人でも宴会に参加することができる。

　もともとはツァスルの壺を送るときにランカーのように宴会をする習慣はなかったが、80年代からラサ河にツァスルの壺を流すといったチベット人の伝統的な葬式が徐々に復興し、1995年頃から政府が行ったチベット経済を活性化する政策により、賑やかにする習慣に変化した。宴会に参加する人は70人から80人ほどで、多いときには200人ほどがツァスルの壺を送る川のそばで行われる宴会に参加していた。しかし2015年頃から、本来厳かに行われるものである葬式を賑やかに行う習慣に異議を唱える風潮になってきた。加えて長年同じ場所でツァスルの壺を流し続けたことによる水流の悪化、自家用車の普及による駐車場の不足により、この川岸で行われる宴会に参加する人も減りつつある。

　また、最近（2007年）ではラサ川の下流にダムができたため、川

の流れがさらに悪くなっており、そのためツァスルの壺を送るのもさらに難しくなっている。

49日目まではまだ現世と離れたくない魂が家にいるとされているため、第8日目から第49日目までは、毎日1日3回食事の時間に合わせてツァスルを焚く。初七日の日に大きいツァスルの壺は川に流したので、新たに小さい陶器の壺に燃やして入れてある牛糞にツァスルを焚く。小さい壺の中には大きい牛糞は入らないため、牛糞はちぎったものを燃料として使っている。初七日の時は特に厳密に自然のままの天然牛糞を使うが、それ以降は加工牛糞を使っても良いが、なるべく天然牛糞が良い。毎回小さい牛糞を燃やし、ツァスル、サフラン水の順にかけて、煙を出す。

49日目に読経をするラマが陶器の壺やツァスル（第8日目からツァスルを焚くために使う小さい陶器のこと）を置く場所を教えてくれる。一般的にはラサ河から送ることが多い。

(7) 鳥葬場に行くまでの手順

鳥葬場に行く前日に鳥葬師が家に来る。死後硬直して固まっているため、関節部分を少し切り、遺体の手足を曲げて胎児のような姿勢にし、遺体は薄絹で包む。この時も読経や死者への食事提供を続ける。

参列者たちの持ってきた薄絹がロープにかかっているので、そのすべての薄絹を使って遺体を包むが、霊力が一番強いラマが持ってきた薄絹は残す。この薄絹に印をつけてとっておく。遺体を包んだすべての薄絹は、鳥葬終了後に遺体を包んだ白い布と共に鳥葬場で焼く。

鳥葬場に行く日は、胎児のような姿勢にした遺体を背負って家を出る。遺体を背負うのは長男、または一番最初に生まれた男の孫の

ことが多い。男がいない家では、鳥葬師が代わりに遺体を背負って家から出る。家から出る時間は占いによって決められている。一般的には朝4時頃のことが多い。

　家から出ると、庭にはサンを焚き、サンの隣に机を設置する。机の下に卍を書いてある。机の上には経典と牛糞を置いてある。さらに水とミルクを置く家もある。牛糞は3つ積み重ねて薄絹で包む。サンと机の向きは占いによって決まる。またサンを焚くために点火する時間も占いによって決まる。

　遺体を背負った人はサンと机を中心に、その周囲を回る。このとき、時計回りに三周、反時計回りに三周する。その動きでこの家と死者のつながりを断ち切ることになる。牛糞を置くのは牛糞が家の富と幸運を象徴しているからで、牛糞の周りを回ってつながりを切ることで、この家の富や幸運と死者のつながりを切る儀式となっている。このようにしてつながりを切ることで、死者がこの家の富や幸運をあの世に持っていくことができないようにするのである。そのときの3つの牛糞は処分せず、薄絹に包んで永久に保管するか、3ヶ月または半年保管する場合もある。

　背負った遺体は車に乗せるが、このとき遺体を車に乗せた人は遺体の方をみてはいけない。遺体の方を振り向かずにまっすぐ家に戻る。

　死者を鳥葬場に運ぶとき、現在は車に乗せていくが、昔は背負って行ったり担架のようなもので担いでいったりした。鳥葬場へ運ぶときは、遺体の下に敷いた白い布で包んで胎児のような姿勢にし、さらに薄絹で包んで行くが、担架で担いでいく場合は胎児のような姿勢にはしない。担架に乗せた後、薄絹でぐるぐる巻きにして、担架から落ちないように固定する。

(8) 見送る人たち

　遺体が鳥葬場に行く日までは、家を掃除してはいけない。また家族は顔を洗ったり、髭を剃ったり歯を磨いたり、髪を洗ったりしてはいけないという禁忌がある。

　遺体が鳥葬場へ行く日の早朝、家族は髪を洗う、髭を剃る、顔を洗う、歯を磨くの順で、体を清潔にする。また、親族の女性はこの時、「プトゥ」と呼ばれる団子汁を葬儀の参加者全員分作る。プトゥができあがると、手が空いている人から順に食べていく。このとき箸は一本で食べる。さらに麦こがしで指くらいの太さで長さは7cmくらいのものを5つ作って皿にのせると、親族の男性が交差点に持って行く。家から数10m程度の場所にある交差点で良いが、特に人の流れが多い交差点が良いとされる。喪主は交差点に皿を置いてきたあとで皆と合流し、一緒にプトゥを食べる。

　プトゥを食べ終わったら、家族以外の遠い親戚や友人達は家から出て、庭の外で待つ。

　家族は庭で長男が死者を車に背負って行くのを見送る。長男が戻ってきたら、見送る家族も部屋に戻って家の掃除をする。遺体を背負った人や庭で遺体を見送ったごく近しい親族の人たちは、この日1日家から出てはいけない。その間、ラマたちはずっと読経を続けている。食事の供えとツァスルを焚くことは引き続き行う。

(9) ジョカン寺巡礼

　庭の外で遺体を見送った少し遠い親戚や友人達は、遺体を乗せた車と一緒に鳥葬場に向かうが、一行は必ず鳥葬場に向かう前にジョカン寺に寄って、死者の最後の巡礼に付き添う。ジョカン寺では線香を持って、参列者・死者の順に並んで寺を一周する。付き添う人たちは皆、線香を1人3本、または1束持って、火を点けてから巡

礼を行う。死者は鳥葬師または友人に背負われて、皆の後について巡礼する。寺の周りを1周する時間では参列者たちの線香はまだ燃え尽きていないため、サンコン（サンを焚く炉）に投げる。しかし現在では死者は車に乗せて巡礼するようになったので、昔のように死者を背負って巡礼することはなくなった。付き添いの人達が前を歩いて巡礼し、死者を乗せた車はあとからついて巡礼する。喪主の友達や親戚はほとんどの人がジョカン寺まで来て巡礼する。現在は車があって昔のように大変ではないので、ジョカン寺まで来る人が多くなった。

(10) 鳥葬場に向かう

　ジョカン寺の巡礼が終わったら、死者と一緒に鳥葬場に向かう。

　占いによって不吉と示された干支の人は鳥葬場まで死者を送りに行くことができない。また、その人は喪主の家に行くこともできないので、香典や薄絹などは行く人に預けて、代わりに持って行ってもらう。

　鳥葬場では鳥葬がある時、女性は立ち入り禁止になっており、鳥葬に参加できるのは男性だけである。

　また、鳥葬場へ死者を送りに行けるのは遠い親戚だけで、近い親戚は行ってはいけない。例えばいとこなどは近い親戚となる。もし近い親戚が鳥葬場まで行くと、死者はその人をあの世に連れて行く可能性があるため、家の庭で見送る人たちは鳥葬場には行けない。鳥葬場に行く人数は、死者を含めて偶数でないといけない。鳥葬師はその人数に含まれていない。そうすると鳥葬場から帰る人数は奇数になる。この日急用などで行けなくなった人がいたら、必ず事前に言って、人数を調整しなければならない。数が合わないと非常に縁起が悪いとされる。

鳥葬場に送った後は、この日一日親族を含め誰も死者の家に出入りすることができない。翌日になれば親戚や友人などは喪主の家を訪れても良い。このとき、食べ物などを持っていく。

(11) 鳥葬場に行かない人々

　鳥葬場に行かなかった人達は、そのままジョカン寺で巡礼を続け、普段3周回っている人は5周、5周回っている人は7周など死者の冥福を祈って普段より多めに回る人もいる。回る回数は必ず奇数回にする。

　鳥葬場に行った人は1回しか回っておらず、いつもより回る回数が少ないので、当日にジョカン寺に行って足りない回数を回る人もいるが、翌日に回る人もいる。

　鳥葬場に行かずにジョカン寺に残って巡礼した人達は、巡礼が終わったら直接家には帰らずに、茶房などに寄って休憩するか、朝早くて茶房がまだ営業していない場合は学校や公園に寄ったり、川沿いや湖などに寄ったり、どこにも行く当てが無い場合はいったん家の前を通り過ぎて、余計に歩くなどして家に死者の魂がついて来ないように気を配りながら帰宅する。鳥葬場に行った人達も上記の人達と同様、鳥葬が終わったらまっすぐは家に帰らずに、どこかに寄ったり芝生のあるところへ行って宴会をするなどして、厄払いをしてから帰る。また、死者が鳥葬場に行く日には、死者の家の近所の人も巡礼まではしなくとも、職場や外出先から帰る時は直接家には帰らず、どこかに寄ってから帰る。

(12) 鳥葬師による鳥葬の手順

　鳥葬場につくと、鳥葬師は以下の手順で鳥葬を始める。
　まず、スコップのようなナイフで薄絹と遺体を包んだ白い布を頭

から一太刀で切り、それからナイフで遺体と薄絹をはがす。遺体を覆うすべてのものが取り除かれると、遺体は鳥葬師と対面しないようううつぶせに寝かされ、ここからは解体がはじまる。ナイフを入れた際に動かないように頭は薄絹を使って鳥葬台の固定棒に固定する。固定したら、鳥葬ナイフを入れる。

鳥葬ナイフの入れ方

1) 首の後ろから臀部まで一太刀に肉を切り、次に臀部から左足先までナイフを入れる。そして今度は臀部から右足先まで切る。それから首の後ろからナイフを地面と平行にして、頭頂部に向けて頭皮を削ぐように切っていく。遺体はうつぶせのまま、ナイフは地面と平行にしたままナイフを身体の下に入れ、身体の前面の皮を削ぐように切っていく。

2) 首の後ろから一気に左足先まで鳥葬ナイフを入れ、次に臀部から右足先までナイフを入れるやり方である。それから、肩の後ろから左手、そして肩の後ろから右手へとナイフを入れる。それから首の後ろからナイフを地面と平行にして、頭頂部に向けて頭皮を削ぐように切っていく。遺体はうつぶせのまま、ナイフは地面と平行にしたままナイフを身体の下に入れ、身体の前面の皮を削ぐように切っていく。

いずれかの手順で、骨と肉がある程度切り離せたら、関節を切り離し、木の切り株のまな板または石の台の上で、まず足の骨から、身体の下の方から上の方の骨の順番で、骨に麦こがしを撒いて、ハンマーで骨を砕いて麦こがしをまぶし、ハゲワシに食べさせる。そうすることによって解体中に骨の髄液が飛び散るのを防ぐことができる。また、麦こがしを撒くことによってハゲワシがよく食べるよ

うになる。骨から食べさせるのは、先に骨を食べさせないと、あとからではハゲワシが骨を食べなくなるからである。

ハゲワシが骨を食べ終わったら、こんどは内臓を食べさせる。内臓の次は肉を食べさせる。最後は頭蓋骨をかなり細かくハンマーで砕き、麦こがしを混ぜてハゲワシに食べさせる。頭蓋骨を食べ終わったら、脳に麦こがしを混ぜてハゲワシに食べさせる。

鳥葬師はこれらの一連の手順を一体当たり20分ほどで行う。外側の白い布や薄絹はその日の鳥葬がすべて終わった後に友人や遠い親戚が手伝って焼く。

死者は初七日の間にされる読経によって頭蓋骨に梵穴が開き、死者の魂はその穴から出て、体から抜け出すといわれている。穴の大きさは爪楊枝がかろうじて通るほどで、霊力の強いラマの読経でないと、そのような梵穴を開けることができないと信じられている。そのため喪主はなるべく霊力の強いラマに読経してもらいたがる。ラマが読経を終わった後、頭蓋骨に開いた梵穴の場所を家族に示し、魂が抜け出たことを証明するため頭のてっぺんの部分に爪楊枝をさす。梵穴に関して小野田は以下のように説明している。

> チベット仏教が導入した仏教タントラの一般的理解では、意識 rnam-shes は体内の脈管（ナーデイ）を流れる風 lung（ルン）として理解されていた。ルンは左右中央の三本の脈管の内中央の脈管を通って上昇し、頭頂にある梵穴から抜け出した場合にのみ浄土へと達するのであると考えられた。[小野田：1995]

鳥葬師は死者の体をきれいに解体して、死者の梵穴の開いた頭蓋骨の頭頂部を友人や遠い親戚に示し、「頭蓋骨に梵穴があるよ、読経したラマは霊力の強いラマだね」と言って、「あなたたちが呼ん

だラマはすごいね」と言う。死者の魂は確実に体から抜け出たということを確認し、「死者の魂は既に来世に向かって旅立っていて、ここにあるのは何の意味も無い肉体だ」ということを伝える。

　鳥葬師は死者を解体しながら死者がどのような原因で亡くなったのかを特定することができる。鳥葬師が分かる範囲は老衰、病死、他殺などあらゆる死因にくわえ、いつどこで亡くなったのか、死因が毒であればどのような毒で死んだか、その毒がどこの地域で作られているのか、また毒を盛られた場合にはいつごろからどれくらいの期間盛られていたのか、毒を盛られた場所がどちらの方角にあるかもわかる。そのため、死者の家族は死者の死因や死んだときの状況などを鳥葬師に確認する。

　鳥葬師は手袋もしていないしマスクや防護メガネもつけていない。病気で死んだ人を解体することもあるが、解体ナイフで切ったり、死者の骨の破片が刺さったりするにもかかわらず、病気に感染することは全くないといわれている。

　鳥葬師は先祖代々、そのように何もつけないで解体してきた。鳥葬師には鳥葬師の専門の守護神がいるからだとされる。鳥葬師以外の人が解体作業をすると、必ずその人に悪いことが起こる。鳥葬用のナイフは鳥葬場の誰でも手に触れられるようなところに放置してあるが、誰1人それに触る人はいない。このナイフには数千の魂が関わっているので軽い気持ちで触れてはいけないという。もし普通の人がナイフに触ると、翌日には必ずその人は病気になるという。それは科学で説明することはできないが、本当のことだと皆が信じている。もしもナイフに触ってしまい病気になった場合、ラマにお願いして読経してもらう。読経をすると少しずつよくなる。

　鳥葬の今の相場（2018年）は鳥葬師に渡す謝礼は200元（日本円で3,000円程度）でも良いし10,000元（日本円で170,000円程度）でも

良い。決まった金額はない。その家なりの精一杯の気持ちの金額を謝礼として渡す。もし貧しくて家にお金がないのであれば、お金は渡さなくても良いのである。それでも鳥葬師は鳥葬を行う。

　鳥葬師はどこに死者が出るかはわからないので、電話を受けたところへ向かうだけである。その家が貧しかった場合、近所の人たちが、「この人の家は本当に貧しくてお金がないですがよろしくお願いします」と言って、鳥葬師に鳥葬してもらう。お金持ちの人は、鳥葬師に10,000元や20,000元を渡す場合もある。一人の鳥葬師は、基本的に一生決まった鳥葬場で仕事をし、鳥葬場を変えることはない。

　今の鳥葬師は、多くがシガツェ市出身の人で、お互いに親戚同士である。鳥葬師同士で、家元になるために争っている。鳥葬師は本来良い行いなので、お金のためにやっているわけではない。お金の多少に関係なく鳥葬してあげなければならない。金額にかかわらず、同じやり方で行う。鳥葬師によっては、お金を余計に払って家族がお願いすると死者の体をきれいにしてくれる人もいるが、八割方の家族はそのようなことはお願いしない。

(13) 禁忌

　遺体が鳥葬場に行く日までは、家を掃除してはいけない。また家族は顔を洗ったり、髭を剃ったり、歯を磨いたりしてはいけないという禁忌がある。チベットでは、人が亡くなって1年が経つと、死者の名前や、死者に対する思い出、死者に関する話をしないように用心している。これらのことを話すと、縁起が悪いとされているため避けられている。

（14）その他

　近隣の住民で、近隣トラブルなどで仲が悪くなっていても葬式には行く。その際、香典や薄絹を持って行ったりする。

　現在チベット人は火葬する人も多くなっている。一部の人は鳥葬で体を八つ裂きにされるのをいやがり、死ぬ前に火葬を希望する。ある聞き取り調査の対象者は「チベット人なのになぜ鳥葬しないで火葬を希望するのだろうか。よく考えるべきだ」と語った。

2. 乾燥高冷地 A と似た環境の地域　野葬の手順

（1）ラマを呼ばない場合

　辺鄙なところに住んでいる遊牧民の場合、ラマを呼びに行って、ラマが来るのに往復 2 日間以上もかかる場合がある。このような場所で死者が出た場合、ラマの同席なしで野葬を行うことがある。人が亡くなったら、まず、家族がお経を読みながら死者の衣服を脱がす。臨終の場所にそのまま安置する。その際、地面に死者がいつも使っている毛布、または木片などを死者の下に敷く。死者が女性の場合は仰向け、男性の場合はうつぶせに安置する。死者の上に頭から足先にかけて、薄絹をかける。さらにその遺体の上に布をかける。

表30　葬式の手順　蔵北野葬　乾燥高冷地 A と似た条件の地域

1. 人が亡くなった臨終の場所にそのまま安置する
2. 家族が経を読みながら死者の衣服を脱がす
3. 死者が女性の場合は仰向け、男性の場合はうつ伏せに安置する
4. 全身に薄絹をかける
5. さらに遺体の上に布をかける
6. テントを片付けて、遺体を残したまま、家族全員で移動する。

※辺鄙な場所に住んでいる遊牧民の場合、ラマを呼ぶのに往復 2 日以上かかるためラマ無しで野葬を行う。また、遺体に布をかける場合ハゲワシが見つけやすくするために足先は布から出しておく。

この際、全身にかけるが、足先は布から出しておく。ハゲワシが見つけやすくするためである。またこの布の色はなんでも良いが、ラマの僧衣の色がえんじ色であるため、その色は避けなくてはならない。この作業が終わったらテントを片付けて、遺体を置いたまま家族全員で移動する（**表30**）。

（2）ラマを呼ぶ場合

　ラマを呼ぶ野葬の場合、人が亡くなったら、まずラマを呼びに行く。この場合、ラマ以外は遺体には手を触れない。ラマが来たら、まずお経を読む。次にラマが死者の衣服を脱がす。それから遺体を胎児の姿勢にする。そして地面に握り拳大の白い石を三つ置き、その上に胎児の姿勢の遺体を横倒しにして安置する。横倒しになっている胎児の姿勢の遺体の、首から足先にかけて、薄絹をかける。その上にえんじ色以外の色の布をかける。この際、やはりハゲワシから見つけやすいように足先を布から出しておく。遺体の配置の向きなどはすべてラマの占いによる。これらの作業が終わったら、家族はテントを片付けて移動し、ラマも帰っていく。遺体はその場に置いたままにしておく（**表31**）。

表31　葬式の手順　蔵北野葬　乾燥高冷地Aと似た条件の地域
（ラマを呼ぶ場合）

1. 人が亡くなった場合、ラマを呼びに行く
2. ラマが来たら、まずは経を読む
3. そして、ラマが死者の服を脱がす
4. 死者を胎児の姿勢にさせ、横倒しにする
5. 薄絹を遺体にかける
6. その上に布をかける
7. テントを片付けて、遺体を置いたまま、ラマが帰り、家族全員で移動する

※ラマを呼ぶ場合は、ラマ以外は死者に手を触れてはならず、遺体の配置や向きなどもラマの占いによって決められる。

チベット語用語集

（五十音順）

カタカナ転写　　チベット文字　　ワイリー式転写　……　意味

【あ】

アムド　ཨ་མདོ།　a mdo　……　アムド（安多）地域

アムドワ　ཨ་མདོ་བ།　a mdo ba　……　アムド人、アムドチベット人

ウ・ツァン　དབུས་གཙང་།　dbus gtsang　……　ウ・ツァン（衛蔵）地域

ウ・ツァンワ　དབུས་གཙང་བ།　dbus gtsang ba　……　ウ・ツァン人、ウ・ツァンチベット人

ウィジュ（肥沃牧草地 B の呼び方）　བེའུ་ལྕི།　be'u lci　……　牧草を食べ始めて、生後 1 ヶ月から 1 歳半くらいまでのヤクが排泄した糞で、松ぼっくりのような形をしている

オチャ（オジャ）　འོ་ཇ།　'o ja　……　沸かしたレンガ茶の茶汁に、新鮮なミルクを入れて混ぜた飲み物で、チベット風のミルクティー。アムドでは地域によっては塩を入れない。ウ・ツァンでは塩を入れる場合が多い。筆者の調査地では、肥沃牧草地 B では塩を入れず、乾燥高冷地 A と都市近郊農村 C では塩を入れていた

【か】

カタ　ཁ་བཏགས།　kha btags　……　絹製の細長い薄絹のような布。手ぬぐいくらいの大きさから、バスタオルくらいの大きさのものまで、様々であるが、主にお祝いごとや儀礼、大切な客人への贈り物などに使用され

る。最近は化繊のものも多い。色は白と黄色がある。本書では薄絹と呼ぶ

カヨル　　དཀར་ཡོལ།　dkar yol　……　日常的に使う茶碗。主にチャ・スーマ、
テルマ、ショ、ご飯を食べるときに使用する。属人器である

カム　　ཁམས།　khams　……　カム（康巴）地域

カンパワ　　ཁམས་པ་བ།　khams pa ba　……　カンパ（康巴）人、カンパチ
ベット人

ギェ　　སྒྱེ།　sgye　……　毛織物製の袋の総称。牛糞を入れる袋としてよ
く使われる

グトゥク　　དགུ་ཐུག　dgu thug　……　チベット歴 12 月 29 日に食べる、
小麦粉や、ハダカ麦の粉でつくった団子汁のようなもの。日本のお雑煮
に似ている

ゴマル（肥沃牧草地 B の呼び方）　　གོ་དམར།　go dmar　……　小麦粉を水
とヨーグルトで捏ねてパンのように膨らませ、油で揚げた、揚げパンに
似た食べ物

ゴレ　　གོ་རེ།　go re　……　小麦粉を水で捏ねて平たく伸ばし焼いた、円
盤形の食べ物

【さ】

サン　　བསང་།　bsang　……　香木を牛糞で燃やし煙を出させる、日本の
護摩に似たもの

サンコン　　བསང་ཁུང་།　bsang khung　……　サンを焚く際に使用するサン
専用の炉

シマボウ　　ཞི་མ་འབོ　　phye ma 'bo　……　木の箱の中にハダカ麦とツァンパ（麦こがし）を半分づつ盛り、ハダカ麦の穂を立てた豊作を祈る供え物である

ショ　　ཞོ　　zho　……　ヨーグルト

ジョ　　ལྕི　　lcil　……　ヤクの糞、口語でのヤクの糞の呼び方

ジョイー（肥沃牧草地Bの呼び方）　　ལྕི་དབྱིས　　lci dbyis　……　牛糞を地面に団扇状に薄く押し広げること、イーは押し広げる動作。肥沃牧草地Bの夏の牛糞を加工する方法

ジョカン　　ཇོ་ཁང　　jo khang　……　大昭寺

ジョカン　　ལྕི་ཁང　　lci khang　……　牛糞を保管する倉庫

ジョカン（肥沃牧草地Bの呼び方）　　ལྕི་ཁང　　lci khang　……　牛糞で作られた冬越しのための仮小屋。主に年配の人や子供が使用する

ジョケム（肥沃牧草地Bの呼び方）　　ལྕི་ཁེམ　　lci khem　……　乾燥した牛糞を回収する際に使う熊手のような道具

ジョザップ（肥沃牧草地Bの呼び方）　　ལྕི་གཙབ　　lci gtsab　……　牛糞を細かくちぎって加工すること。肥沃牧草地Bの春の牛糞を加工する方法

ジョジョク（肥沃牧草地Bの呼び方）　　ལྕི་མགྱོགས　　lci mgyogs　……　ヤクの下痢状の糞

ジョジョンゴ（都市近郊農村Cの呼び方）　　ལྕི་ལྕོང་མགོ　　lci lcong mgo

…… 乾燥した加工牛糞を積み上げてつくられた塀や牛糞垣

ジョゾン　　 བཞོ་བཟུང་།　　bzho bzung　　…… バターをつくったり、バターと
　　お茶を混ぜてバター茶をつくる道具の一部

ジョテーブ（都市近郊農村 C の呼び方）　　ལྕི་ཐད་པོ།　　lci thad po　　……　円
　　盤形に加工された牛糞

ジョフォン（肥沃牧草地 B の発音）　　ལྕི་སྤུང་།　　lci spung　　…… 牛糞を地
　　面に強く投げつけてバラバラにして加工すること。肥沃牧草地 B の秋の
　　牛糞を加工する方法

ジョリエリエ（都市近郊農村 C の呼び方）　　ལྕི་རིལ་རིལ།　　lci ril ril　　……　球
　　形に加工された牛糞

ジョレェゴウ（都市近郊農村 C の呼び方）　　ལྕི་རིལ་མགོ།　　lci ril mgo　　……
　　楕円形の球状（少しつぶれた球形）に加工された牛糞

ジョレレーブ（都市近郊農村 C の呼び方）　　ལྕི་རིལ་རིལ་པོ།　　lci ril ril po　　……
　　直方体（レンガ状）に加工された牛糞

ジョワ　　ལྕི་བ།　　lci ba　　…… ヤクの糞の文語

セブ　　སླེ་བོ།　　sle bo　　…… 牛糞を拾う際に背負う籠

ゾ　　ཟོ།　　zo　　…… バターをつくったり、バターとお茶を混ぜてバター
　　茶をつくる道具の一部

ゾクラ（肥沃牧草地 B の呼び方）　　ཟོག་ར།　　zog ra　　…… 肥沃牧草地 B
　　の冬の間に、凍結した牛糞を積み上げてつくられた垣。牛糞垣、家畜の

囲いの役割を果たしている

【た】

ダナク　　㵢ནག　　sbra nag　……　ヤクの毛で作られた黒テント

タプカ　　ཐབ་ཀ　　thab ka　……　土、石、レンガなどで作られた牛糞炉

タルチョー　　དར་ལྕོག　　dar lcog　……　馬や獅子や虎などの動物の絵とお
経が書いてある小さな布の旗をロープにたくさん取り付けたもので、風
ではためくと一回お経を読んだことになるという

タントンジャブ　　ཐང་སྟོང་རྒྱལ་བོ　　thang stong rgyal bo　……　昔のチベット
の有名な建築師で神格化されており、都市近郊農村 C と近代都市 D の
引っ越しの際に新居でこの人形を祀る

チャ　　ཇ　　ja　……　茶の総称。茶葉の種類は問わない。地域を問わず
使われる

チャ・ガーモ　　ཇ་མངར་མོ　　ja mngar mo　……　紅茶の茶汁にミルクと砂
糖を入れた飲み物、甘いミルクティー。主にラサやその周辺で飲まれて
いる

チャクト　　ལྕགས་ཐབ　　lcags thab　……　鉄製の牛糞炉

チャ・スーマ　　ཇ་བསྲུབས་མ　　ja bsrubs ma　……　塩、バターとレンガ茶の
茶汁を混ぜた飲み物で、いわゆるバター茶である。ラサとその周辺の地
域の呼び方

チュラ（肥沃牧草地 B の呼び方）　　ཕྱུར་བ　　phyur ba　……　バターを取
り出したあとの脱脂ミルクにヨーグルトを少し入れて煮る。そのあと取

り出した固形分を乾燥させたカッテージチーズのようなもの

チューラ（肥沃牧草地Bの呼び方）　ཁྱི་ར་　khyi ra　……　牛糞で作られ
　　た冬のイヌ小屋

チュルバ　ཕྱུར་བ་　phyur ba　……　チベット高原の寒い高地の遊牧民の
　　多くが着用している内側が毛で外側が皮のムートンのような厚い毛皮で
　　作られた長いシープスキンのコートである。チュバとも呼ばれている

ツァスル　ཚ་གསུར་　tsha gsur　……　ツァンパとバターと蜂蜜または砂
　　糖などをミルクと混ぜて捏ねたものを牛糞で燃やし、煙を上げさせる。
　　葬式の際に死者とその周囲の無縁仏たちに供えるもの

ツァツァ　ཚ་ཚ་　tsha tsha　……　調査地の肥沃牧草地Bでは、鳥葬の
　　とき、死者の頭頂部の梵穴の周囲の骨だけとっておき、これを牛糞で焼
　　く。その灰を粘土と混ぜ、型に押して仏像の形に固める。このようにし
　　てつくった塼仏のようなもの

ツァンパ　རྩམ་པ་　rtsam pa　……　ハダカ麦を炒って粉にした物、麦こ
　　がし

ツィルヌ（肥沃牧草地Bの呼び方）　མཚལ་ནུ་　mtshal nu　……　生まれ
　　たばかりのヤクが排泄した黄色の牛糞

テルマ（肥沃牧草地Bの呼び方）　གཏུལ་མ་　gtul ma　……　バター、ツ
　　ァンパ、チュラを茶碗にのせて、押さえつけ、ミルクティーを注ぎ、捏
　　ねながら食べる食べ物

トゥルク　སྤྲུལ་སྐུ་　sprul sku　……　転生ラマ

【な】

ネー　　ནས　　nas　……　ハダカ麦

ネーチャン　　ནས་ཆང་　　nas chang　……　ハダカ麦から作られる酒、ハダ
カ麦酒

ニャンワ（肥沃牧草地Bの呼び方）　　རྙང་བ　　rnyang ba　……　ヤクの下
痢の糞

【は】

バンデン　　པང་གདན་　　pang gdan　……　ウ・ツァンチベット人、カムチ
ベット人の既婚女性が身につける、エプロンのようなもの

ピー　　སྤོས　　spos　……　粉末状のお香

ヒャラ（肥沃牧草地Bの呼び方）　　ཤ་ར　　sha ra　……　牛糞で作られた
冬の食肉貯蔵庫

【ま】

マル　　མར　　mar　……　バター

メトチョマル　　མེ་ཏོག་མཆོད་དམར　　me tog mchod dmar　……　バターを原材
料として、彫刻した模様

【や】

ヤルジュカムボ（肥沃牧草地Bの呼び方）　　དབྱར་ལྕི་སྐམ་པོ　　dbyar lci skam
po　……　砂を食べたヤクの糞

【ら】

ラマ　　བླ་མ　　bla ma　……　チベット仏教の僧侶にたいして敬意を持っ

てラマと呼ぶ。チベット語「ラマ」の「ラ」は目上、「マ」は人、それ
ゆえ「ラマ」とは目上の人、師を意味すると立川が説明している［立川
2009: 36］

ランカー　　 གླིང་ག　　gling ga　……　街に暮らすチベット人が家族や友人
と郊外に出かける、ピクニックのような娯楽

リーカル　　རས་གུར　　ras gur　……　帆布で作られた白いテント

ルーラ（肥沃牧草地 B の呼び方）　　ལུག་ར　　lug ra　……　牛糞で作られた
子羊のための冬越し仮小屋

ルンタ　　རླུང་རྟ　　rlung rta　……　馬や獅子や虎などの動物の絵とお経が
書いてある約 8cm 角の、色とりどりの小さな紙。高いところから撒いて、
紙ふぶきのように風に乗せて飛ばす。紙のサイズの違いがある

ロケン　　རོ་མཁན　　ro mkhan　……　鳥葬師

参照文献

石川巌 2009「チベットの歴史とポン教の形成」長野泰彦編集責任、国立民族学博物館編『チベット ポン教の神がみ』千里文化財団 pp. 12-19

稲村哲也 2014『遊牧・移牧・定牧——モンゴル・チベット・ヒマラヤ・アンデスのフィールドから』ナカニシヤ出版

印東道子責任編集 2007『生態資源と象徴化　資源人類学 07』弘文堂

内堀基光責任編集 2007『資源と人間　資源人類学 01』弘文堂

海老原志穂 2008『青海省共和県のチベット語アムド方言』東京大学大学院学位申請論文

――― 2016「家畜の毛にささえられた牧畜民の暮らし」『チベット文学と映画製作の現在 SERNYA』3:19-21

大塚柳太郎編 2020『動く・集まる』京都大学学術出版会

オッペンハイマー，S. 2007『人類の足跡 10 万年全史』仲村明子訳 草思社

小野田俊蔵 1995「チベットにおける葬送儀礼」『佛教大学総合研究所紀要別冊』2: 205-212

折茂克哉 2002「東アジアにおける中期～後期旧石器初頭石器群の変遷過程」『国立民族学博物館調査報告』33:23-47

尕藏（ガザン）2019『中国青海省チベット族の死生観に関する人類学的研究――出生・死・再生を巡る語りと実践を通じて』金沢大学大学院人間社会環境研究科博士学位論文

河口慧海 1904『西蔵旅行記』博文館

河口慧海，奥山直司 2007『河口慧海日記――ヒマラヤ・チベットの旅』講談社

韓霖 2011「定住化施策下における遊牧民の生活様式の変容に関する考察――青海省におけるチベット族遊牧民の事例を中心に」『地域政策科学研究』8:75-99

木村英明 2019「酷寒に挑む旧石器時代の人びとと技――北方ユーラシアにおけるホモ・サピエンスとマンモスハンターの起源」G. A. フロパーチェフ，E. Ju. ギリヤ，木村英明著『氷河期の極北に挑むホモ・サピエンス――マンモスハンターたちの暮らしと技　増補版』木村英明，木村アヤ子訳 雄山閣

国立天文台編 2020『理科年表』丸善出版

財団法人自治体国際化協会（CLAIR）2007『中国の地方行政財政制度』財団法人自治体国際化協会（CLAIR）

シンジルト 2020「家畜の野生化――チベット高原における種間関係のダイナミックス」『たぐい』Vol. 2: 96-111

ダイアモンド，J. 2012『銃・病原菌・鉄（上）1万3000年にわたる人類史の謎』倉骨彰訳 草思社

高松宏寶（クンチョック・シタル）2019「チベットの葬儀とその伝統文化について」『現代密教』29:107-126

立川武蔵 2009「ポン教とチベット仏教」『チベットポン教の神がみ』長野泰彦編集責任、国立民族学博物館編『チベット ポン教の神がみ』千里文化財団 pp. 36-49

田畑久夫，金丸良子，新免康，松岡正子，索文清，C. ダニエルス 2001『中国少数民族事典』東京堂出版

チャンダ，N. 2009『グローバリゼーション人類5万年のドラマ』友田錫，滝上広水訳 NTT出版

張存徳 1995「青藏高原のヤク飼養文化」『比較民俗研究』11:129-164

張平平 2019「チベット族の牛糞利用――極地における資源の最大化」『生態人類学会 ニュースレター』25:1-6

チョルテンジャブ 2017「チベット・アムド地域における人生儀礼の変化に関する考察――ワッコル村の事例から」『総研大文化科学研究』13:211-237

デシデリ，I. 1991『チベットの報告1』F. デ・フィリッピ編 薬師義美訳 平凡社

長野泰彦 2009「チベットの基層文化を知る」長野泰彦編集責任、国立民族学博物館編『チベット ポン教の神がみ』千里文化財団 pp. 8-9

南太加（ナムタルジャ）2018『変わりゆく青海チベット牧畜社会――草原のフィールドワークから』はる書房

平田昌弘 2016「牧畜民の乳文化」『チベット文学と映画製作の現在 SERNYA』3:33-41

福井勝義 1987「牧畜社会へのアプローチと課題」福井勝義，谷泰編『牧畜文化の原像――生態・社会・歴史』日本放送出版協会 pp. 3-60

フランシス，C. R. 2019『家畜化という進化――人間はいかに動物を変えたか』西尾香苗訳 白揚社

包海岩 2015「社会主義中国内モンゴルにおける牧畜文化――社会主義的集団牧畜から資本主義的酪農文化へ」名古屋大学大学院文学研究科人文学専攻博士学位請求論文

――― 2019「東アジア内陸乾燥地域における畜糞文化の研究動向」『北海道民族学』15: 55-65

星泉 2016a「糞利用の達人」『チベット文学と映画製作の現在 SERNYA』3:25-28

――― 2016b「火を囲む暮らし――かまどからストーブへ」『チベット文学と映画製作の現在 SERNYA』3:29-32

星泉，海老原志穂，南太加，別所裕介編 2020『チベット牧畜文化辞典』東京外国語大学アジア・アフリカ言語文化研究所

山口哲由 2004「チベット地域の乳加工——シャングリラ（香格里拉）県の事例を通して」『人文地理』56(3):310-325

山本紀夫 2006『雲の上で暮らす——アンデス・ヒマラヤ高地民族の世界』ナカニシヤ出版

ランガム，R. 2010『火の賜物——ヒトは料理で進化した』依田卓巳訳 NTT 出版

林野庁補助：地域材供給事業のうち木材産業等連携支援事業 2011『木材チップ等原料転換型事業調査・分析事業報告書』

ロバーツ，A. 2013『人類 20 万年遥かなる旅路』野中香方子訳 文藝春秋

渡辺一枝 2000『わたしのチベット紀行』集英社

渡辺一枝，クンサン・ハモ 2001『バター茶をどうぞ——蓮華の国のチベットから』文英堂

——— 2013『消されゆくチベット』集英社

日本気象庁のデータ https://www. data. jma. go. jp/gmd/cpd/monitor/dailyview/graph_mkhtml_d. php?n=56046&y=2020&m=11&d=23&e=0&r=0&s=1　最終閲覧日 2020 年 11 月 24 日

陈立明，曹晓燕 2010『西藏民俗文化』中国藏学出版社

丁凤焕，魏雅萍，徐惊涛，童子保，马志杰，陈生梅，优拉才让，罗晓林 2008「牦牛、犏牛和黄牛生产性能比较及肉中风味物质测定」『青海大学学报』26(3): 7-10

和占星，王向东，黄梅芬，赵刚，成玉梅，周亚平，何华川，林向生，何永富，杨凯，王安奎 2015「中甸牦牛，迪庆黄牛和犏牛的乳的主要营养成分比较」『食品与生物技术学报』34(12):1294-1301

华锐・东智 2011『拉卜楞民俗文化』甘肃民族出版社

李孔亮，卢鸿计，郭刚，王敏强，朱新书，李建明，阎萍，孔令禄，乔存来，张才旦 2005「野牦牛的驯化及其采精利用」『中国草食动物』:17-18『当代畜牧』2:23-25

普布次仁 2007「论翻译与文化的关系——以牛粪文化为例」『西藏研究』4:73-78

宋晓嶅 1989「民主改革前寺庙剥削之一二」『西藏研究』S1: 70-72

魏雅萍，徐惊涛，童子保，陈生梅，罗晓林 2008「青海高寒牧区犏牛挤乳量及乳成分分析」『中国牛业科学』34(5):31-34

吴周林，左玲，徐弘扬，王健蓉，张仕民，赵莉，罗海艳 2018「犏牛杂种优势研究进展」『当代畜牧』2:23-25

肖志清，钟传友，朱继发 1982「牦牛和黑犏牛草原肥育试验」『西南民族学院学报』01: 21-25

徐凤翔 编著 2001『西藏 50 年 生态卷』民族出版社

张宗显 2013「西藏的牛粪文化」『百科知识』（民族之林）3:57-59

藏族简史编写组 2006『藏族简史』西藏人民出版社

兰则 2010『牛粪』山水自然保护中心 "乡村之眼" 项目

Bollongino, R. et al 2012 Modern Taurine Cattle Descended from Small Number of Near-Easteran Founders. *Moleculear Biology and Evolution* 29(9): 2101-2104

Brantingham, J. et al 2007. A Short Chronology for the Peopling of the Tibetan Plateau. *Developments in Quaternary Sciences* 9: 129-150

Chen, F. et al 2019. A Late Middle Pleistocene Denisovan Mandible from the Tibetan Plateau. *Nature* 569: 409-412

Chen, S. et al 2010. Zebu Cattle Are an Exclusive Legacy of the South Asia Neolithic. *Molecuar Biology and Evolution* 27(1): 1-6

Chessa, B. et al 2009. Revealing the History of Sheep Domestication Using Retrovirus Integrations. *Science* 324(5926): 532–536

Derevianko, A. P. et al 2019. Paleolithic Sculpture from Denisova Cave. *Problems of Archaeology, Ethnography, Anthropology of Siberia and Neighboring Territories* 2019 Volume XXV: 103

Fernández, M. H. &E. S. Vrba 2005. A Complete Estimate of the Phylogenetic Relationships in Ruminantia:A Dated Species-level Supertree of the Extant Ruminants. *Biological Reviews* 80(2): 269-302

Goldstein, C. M. & C. M. Beall 1990. *Nomads of Western Tibet-The Survival of a Way of Life*. The University of California Press

Hecker, H. M. 1982. Domestication Revisited: Its Implications for Faunal Analysis. *Journal of Field Archaeology* 9(2): 217-236

Huerta-Sánchez, E. et al 2014. Altitude Adaptation in Tibet Caused by Introgression of Denisovan-like DNA. *Nature* 512: 194-197

Ingram, C. J. E. et al 2009. Lactose Digestion and the Evolutionary Genetics of Lactose Persistence. *Human Genetics* 124(6): 579-591

Itan, Y. et al 2009. The Origins of Lactase Persistence in Europe. *PLoS Computational Biology* 5(8): e1000491

Krause, J. et al 2010. The Complete Mitochondrial DNA Genome of an Unknown Hominin from Southern Siberia. *Nature* 464: 894-897

Miller, F. N. 1984. The Use of Dung as Fuel: An Ethnographic Example and an Archaeological Application. *Paléorient* 10(2): 71-79

Pryor, A. J. E. et al 2020. The Chronology and Function of a New Circular Mammoth-bone Structure at Kostenki 11. *Antiquity* 94: 323-341

Rhode, D. et al 2003. Human Occupation in the Beringian "Mammoth Steppe" : Starved for Fuel, or Dung-Burner's Paradise? *Current Research in the Pleistocene* (20): 68-70

Rhode, D. et al 2007. Yaks, Yak Dung, and Prehistoric Human Habitation of the Tibetan Plateau. *Developments in Quaternary Sciences* 9: 205-224

Rockhill, W. W. 1894. *Diary of a Journey Through Mongolia and Tibet in 1891 and 1892.* Smithsonian Institution

Sillar, B. 2000. Dung by Preference: The Choice of Fuel as an Example of How Andean Pottery Production is Embedded Within Wider Technical, Social, and Economic Practices. *Archaeometry* 42: 43-60

Slon, V. et al 2018. The Genome of the Offspring of a Neanderthal Mother and a Denisovan Father. *Nature* 561: 113-116

Wu, T. 2001. The Qinghai-Tibetan Plateau: How High Do Tibetans Live? *High Altitude Medicine & Biology* 2(4): 489-499

Zeder, M. A. 1982. The Domestication of Animals. *Journal of Anthropological Research* 9(4): 321-327.

—— 2011. The Origins of Agriculture in the Near East. *Current Anthropology* 52(S4): S221-S235

—— 2012. Pathways to Animal Domestication. In P. Gepts et al (eds) *Biodiversityin Agriculture:Domestication, Evolution, and Sustainability,* pp. 227-259. Cambridge University Press.

Zhang, D. D. & S. L. Li 2002. Optical Dating of Tibetan Human Hand-and Footprints: An Implication for the Palaeoenvironment of the Last Glaciation of the Tibetan Plateau. *Geophysical Research Letters* 29(5): 1072-1074

Gur-Arieh, S. MapDung　Dung as Construction Material During the Emergence of Animal Domestication: A Multi-Proxy Approach. https://www. mapdung project. com/ 最終閲覧日 2020 年 11 月 23 日

図 1　調 査 地 地 図【https://en. wikipedia. org/wiki/Tibet#/media/File:Tibet_and_surrounding_areas_topographic_map_3. png】©Darekk2（ETOPO1 及 び GLOBE tiles を使用）、クリエイティブ・コモンズ・ライセンス（表示 4.0 国際）を改変して作成 https://creativecommons. org/licenses/by/4. 0/

謝辞

　本書は、2021 年 3 月に北九州市立大学大学院社会システム研究科地域社会システム専攻の博士後期課程に提出した博士学位論文「生態と象徴の視点から考えるチベット遊牧民にとってのヤクの糞──高地適応のための燃料から儀礼的呪物まで」をもとに加筆修正したものである。本書は、北九州市立大学の学長選考型研究費 B による 2022 年度の出版助成を受けて、出版することができた。

　博士論文及び本書の執筆にあたり、多くの方々にお世話になった。この場を借りて謝辞を述べさせていただきたい。

　チベットとの縁が始まったのは 18 歳のときだった。ある日、友人と北京の街を歩いていると、友人は突然「西藏大厦」という建物を指し「ピンピン、ここはあなたの故郷だよ」と笑いながら言ってきた。私は生まれつき肌が黒いので、いつも周囲の友人からそのような冗談を言われる。このときのチベットは私にとって、はるか遠くにある「未知なる世界」であった。それから 4 年の月日が経ち、雲南省のデチェンチベット族自治州へ両親と旅行で訪れることになった。初めて現地の人と一緒にバター茶を飲み、ツァンパを食べ、チュラを口にした。旅行に同行していた両親も「あなたは本当にチベット人みたいだね」と言うのであった。このことをきっかけに、チベットはそれまで「未知なる世界」であったが、少しずつ私の「心の故郷」になっていった。

　牛糞の研究を本格的に始める前からチベットへは何度も訪れていたが、チベット高原を離れる度に魂を半分置いてきたかのような気持ちになり、「早く帰らないと」という心の囁きが聞こえてきた。

　チベット高原でフィールドワークをしている間は、高山病以外に

慣れないことは何ひとつなかった。燃料拾いや水汲みなど、生きるためのすべてのことを自分でしなければならない。そんな原始社会に戻ったかのような生活に、私はどこか懐かしさすら感じていた。現代文明の支えがほとんどないチベット高原の遊牧民の暮らしのなかで、熊、狼、狐、チルーなどの野生動物の楽園で私は放牧をしながら、ヤクの足跡を辿って牛糞を拾い続ける日々を過ごしていた。

そんな私にとって「心の故郷」を離れての研究と論文執筆は困難の連続で、幾度も挫折しそうになった。

しかし、今日まで諦めずにこの研究が続けられたのは、指導教官の北九州市立大学の竹川大介先生のおかげである。フィールドワークの初期は調査の展開に悩む度に、竹川先生よりご指導をいただき、執筆において、論文の構成や方向など、常に導いてくださった。調査地での健康状態や安全などすべての面において、気を配ってくださった。何度も執筆が止まりそうになっていたところを、あきらめずに叱咤激励してくださった。この恩を忘れることはないだろう。副指導教官の田村慶子先生もいつも研究の進展を心配してくださり、何度も中間発表を聞いてくださって、厳しいご意見もいただけた。

そして、研究活動と論文の執筆を続けることが出来たのは、同じく北九州市立大学大学院国際環境工学研究科の松本亨先生のおかげである。

また、論文審査官だった東京外国語大学の星泉先生からは牧畜の専門用語、チベット語の正しい表記やチベットの習俗、宗教、日本語の細かな過ちなどを訂正していただき、本書の書名のアイデアもいただいた。そしてわからないことについて、いつもすぐに指導してくださった。

そして、チベット語の表記に協力してくださった皆さんにもお礼を申し上げたい。東京外国語大学アジア・アフリカ言語文化研究所

の海老原志穂先生は忙しい中、最優先でチベット語とその日本語訳をチェックしてくださった。中国青海省師範大学の尕藏先生はチベット語の表記を記録する作業をずっと手伝ってくださった。国立民族学博物館外来研究員の拉加本先生はアムドチベット語の訂正などを手伝ってくださった。東京外国語大学博士課程1年生の加羊さんはチベット語の最終確認に協力していただいた。

　また、山口大学の小林宏至先生と当時の小林ゼミの郭睿麒先生、曹紅宇先生、楊梅竹先生にもたくさん応援をいただき、落ち込む時にいつも励ましてくださった。

　ならびに、九州フィールドワーク研究会のメンバーのみなさんにも感謝を申し上げたい。たくさんの夜を徹夜作業で共に乗り越えてくださり、一緒に研究の方向性を考え、文献を探し、日本語の修正などをしていただき、何度も挫折しそうになるなか、力になってくださった。命婦恭子先生、大津留香織先生、古藤あずささん、緒方良子さん、小野瑠夏さん、上田雄大さん、浦部真希さん、田村嘉之さん、田口魁人さん、兵頭エマさん、岩崎珠緒さん、辻村茜音さん、新福那月さん、宮脇優太さん、今里咲輝さん、三崎尚子さん、木下靖子先生、門馬一平先生達からたくさんのご協力をいただいた。

　また、研究内容において、たくさんのご意見をくださった中国フフホト民族学院の包海岩先生と中国華僑大学の謝春游先生、いつも応援してくださった中国紅河学院の桜井想先生、OpenMine西藏芸術館古玲青館長、生活面と精神面とも応援してくださった高山悠子さん御一家と福永康恵さん御一家にもお礼を申し上げたい。

　春風社の韓智仁さんにもお礼を申し上げたい。タイトなスケジュールの中で編集を引き受けて頂いて、心より感謝する。

　そして、私を本当の家族のように見守ってくださった調査地の方々のおかげで、安心して調査することができた。調査期間中に、

食事から日常生活まで、個人個人の聞き取り調査から様々な行事の参与調査まで、不自由がないように滞在と調査しやすいような環境を提供してくださった。今でも日頃から交流してくださり、新年の際には必ず「いつ帰省するか」と連絡をいただいている。

　実家の家族にも経済的、精神的に助けられ、研究活動に専念することができた。

　最後に、この研究を天国にいる父に贈りたいと思う。父は私の研究の最大の支えであった。

　そしていつかまた「心の故郷」に戻ったとき、天国にいる父にこの研究成果を報告したい。「地球上で最も高地にある人類の生活地」であるチベット高原は、きっと「地球上で人類が立ち入れる最も天国に近い場所」であるという、そんな期待を込めて……。

　　　　　　　　　　　　2022 年 12 月 15 日　チョウ・ピンピン

索引

チョウ・ピンピン（Zhang Pingping）

北九州市立大学社会システム研究科　博士研究員
北九州市立大学文学部・法学部　非常勤講師
専攻・専門は生態人類学、文化人類学、チベット牧畜文化
主要な著作に「生態と象徴の視点から考えるチベット遊牧民にとってのヤクの糞――高地適応のための燃料から儀礼的呪物化まで」（博士論文、北九州市立大学）、「流动的经典：《西藏度亡经》及其西方传播研究」（尕藏との共著、『西部学刊』2023年2月（予定））など。

チベット高原に花咲く糞文化

2023 年 1 月 26 日　初版発行

著者	チョウ・ピンピン

発行者	三浦衛
発行所	春風社 *Shumpusha Publishing Co.,Ltd.*

横浜市西区紅葉ヶ丘 53　横浜市教育会館 3 階
〈電話〉045-261-3168　〈FAX〉045-261-3169
〈振替〉00200-1-37524
http://www.shumpu.com　✉ info@shumpu.com

装丁	中本那由子
印刷・製本	シナノ書籍印刷株式会社